Hans Jürgen Beins
Rudolf Lensing-Conrady
Guido Wolf

Von Sinnen

Impulse und Interventionen für
Meetings, Workshops, Konferenzen

Ein Methodenbuch

Hans Jürgen Beins
Rudolf Lensing-Conrady
Guido Wolf

Von Sinnen

Impulse und Interventionen
für Meetings, Workshops,
Konferenzen

Ein Methodenbuch

verlag modernes lernen

Unser Buchprogramm im Internet

www.verlag-modernes-lernen.de

© 2017 by SolArgent Media AG, Division of BORGMANN HOLDING AG, Basel

**Veröffentlicht in der Edition: verlag modernes lernen Borgmann GmbH & Co. KG
Schleefstraße 14 · D-44287 Dortmund**

Gesamtherstellung in Deutschland: Löer Druck GmbH, Dortmund

Bestell-Nr. 1272   ISBN 978-3-8080-0790-7

Inhalt

Die Idee dieses Buches

„Wohin wollen wir eigentlich?"
„Welche Grundüberzeugungen und welche Werte teilen wir?"
„Worin liegen unsere Stärken als Team?"
„Wie und mit welchen neuen Lösungen können wir neue Kunden gewinnen?"

Solche Fragen werden in allen Organisationen jeden Tag aufs Neue gestellt. Obwohl sehr unterschiedlich ansetzend und motiviert: Am Ende wird nach dem Sinn gefragt.

Nicht selten wird der Suche nach Antworten auf die „Sinn-Frage" ein eigener Raum zur Verfügung gestellt. Es sind Workshops, Tagungen, Konferenzen, Meetings, aber auch Schulungen oder Coachings in sehr unterschiedlichen Settings, die allesamt als „Offsite" jenseits der alltäglichen Routinen angesetzt werden. Längst hat sich die Erkenntnis durchgesetzt, dass eher tief greifende Diskussionen um die Ausrichtung und die Orientierung von Handeln nicht einfach nebenbei erledigt werden können. Offsites aber kosten: Sie kosten Zeit und Geld. Entsprechend hoch sind die Erwartungen, die an die „Sinn-Suche" adressiert werden. Die Erfahrungen zeigen, dass diese Erwartungen nicht immer erfüllt werden. Die Ursachen hierfür dürften bereits bei den unterschiedlichen Auffassungen und Interpretationen beginnen, die mit der Vokabel „Sinn" verknüpft sind.

Denn „Sinn" ist ein sehr vielschichtiges Wort. Das zeigt schon unsere Alltagssprache. Gerade die Komposita mit „Sinn" deuten die Vielfalt an, die wir mit „Sinn" verbinden:

- „Sinn" verwenden wir im Zusammenhang mit dem Verstand, mit Überlegungen, mit geistiger Tätigkeit. Das zeigen Ausdrücke wie „Scharfsinn", „Tiefsinn". Aber auch wenn wir Ergebnisse geistiger Tätigkeit abwerten, greifen wir auf Komposita mit „Sinn" zurück. Beispiele sind der „Unsinn", der „Blödsinn" oder der „Nonsens", wörtlich als „Nicht-Sinn" zu verstehen. Der „sensus", also das lateinische Wort für „Sinn", ist im Übrigen die etymologische Wurzel für „Sinn".
- Häufig verwenden wir „Sinn" im Zusammenhang mit Stimmungen, Gefühlen, mit unserer emotionalen Grundeinstellung. Ausdrücke wie „Frohsinn", aber auch „Leichtsinn", „Starrsinn" oder „Eigensinn" erinnern uns daran.
- Ebenso arbeiten wir mit dem Ausdruck „Sinn", wenn es um die Bedeutung bzw. das Gemeinte von Texten oder Diskussionsbeiträgen geht, etwa um den Sinn einer Aussage.
- All das aber setzt voraus, dass wir überhaupt mit unserer physischen Umwelt verbunden sind. Zuständig dafür sind unsere Sinne, also unsere Augen, Ohren, unsere Geschmacksknospen, unsere Riechzellen und unsere Haut. Über diese und weitere Rezeptoren unseres Sinnesapparats sowie über die Weiterleitung bzw. Weiterverarbeitung von aufgenommenen Reizen findet sich ein kurzer, physiologisch ausgerichteter Überblick am Ende dieses Buches.

Und dann gibt es noch den „Sinn" im eingangs skizzierten Sinn: als Paraphrase für Orientierung, Richtung und Ziel.

Womit wir bei der Grundidee dieses Buches angelangt sind: Wir haben immer wieder festgestellt, dass es für die Sinn-Suche äußerst förderlich ist, sinnliche Wahrnehmungen zu provozieren. Diese konfrontieren auf unmittelbare und eben nicht ausschließlich kognitiv gesicherte Art mit der eigenen Position – und eben auch mit anderen Perspektiven. Es ist keineswegs neu, mit Metaphern (= Sprachbilder) zu arbeiten; für viele ist jedoch noch weitgehend Neuland, dass auch der eigene Körper, dass der sinnliche Kontakt zu alltäglichen Gegenständen oder speziellen Materialien als Metaphern nutzbar sind. Mit dieser sehr direkten, durchaus spielerisch anmutenden Art der Auseinandersetzung mit den gestellten Fragen verändern sich althergebrachte Sichtweisen – und mit ziemlich hoher Wahrscheinlichkeit öffnen sich neue Perspektiven. Seit etlichen Jahren hat sich ein Event- und Erlebnisangebot auf dem Markt etabliert, das mit Rafting, Besuchen im Kletterpark und anderen, zuweilen sehr aufwendigen Interventionen dieselben Effekte ansteuert. Wir wissen jedoch: Auch bei deutlich geringerem (Zeit-) Aufwand, unter Nutzung gegebener Räumlichkeiten und mit wenig, etwas mehr oder auch keinerlei Materialeinsatz lässt sich über sinnliche Wahrnehmungen (neuer) Sinn produzieren. Hier setzen wir an. Durch die Sinne zu Sinn: Auf diese Formel lässt sich unser Anliegen komprimieren, um das es uns in diesem Buch geht.

Die Autoren

Wir, die Autoren dieses Buches, arbeiten seit rund 30 Jahren in sehr vielen Kontexten mit Menschen an der Kernaufgabe der Sinnsuche und Sinnstiftung. Sehr häufig setzen wir in unseren Trainings, Workshops, Seminaren, Lern- und Übungsgruppen, Konferenzen oder Tagungen kleine und große Interventionen ein, die den Körper und seinen Sinnesapparat als Grundlage für Weiterentwicklung nutzen. Das ist kein Zufall, denn wir drei haben an derselben Universität Bonn ein vorzügliches Sportlehrerstudium absolviert, in dem ein erweitertes Verständnis von Sport und Bewegung vermittelt wurde.

Hans Jürgen Beins und Rudolf Lensing-Conrady haben diese Ansätze weitergeführt, um in psychomotorischer Arbeit mit Kindern, Jugendlichen und Erwachsenen die sinnliche Eigen- und Fremdwahrnehmung zu schulen. Fast nebenbei entstand ein äußerst reichhaltiges Repertoire an Spiel- und Übungsformen, Interventionen und Settings, die mit oder ohne Materialeinsatz verblüffende Erfolge hatten und haben. In zahlreichen Fortbildungen und Publikationen, belegt durch wissenschaftlich begleitete Forschung, wurde dieses Repertoire oftmals vermittelt. Doch eine schriftliche Aufbereitung für Seminare, Workshops, Coachings, Tagungen oder Konferenzen im wirtschaftlichen Kontext stand bislang aus.

Guido Wolf ist als Unternehmensberater, Trainer, Coach und Moderator nach seinem Zweitstudium der Kommunikationsforschung seit 1989 über eine kurze Station im Marketing-Management für zahlreiche große und sehr große Unternehmen und Konzerne tätig. Mittlerweile habilitiert im Fach Kommunikationswissenschaft, liegen seit dem Jahr 1990 vielfältige Erfahrungen zur Initiierung und Inszenierung von „Sinn-Reisen" vor, gewonnen in zahllosen Beratungsmandaten, Workshop- und anderen Moderationen sowie aus Trainings, Coachings und Konferenzmoderationen.

In diesem Sinn kann das vorliegende Buch gelesen werden als ein Angebot, das zwei zu Unrecht getrennt gesehene Lern- und Entwicklungsfelder zusammenbringt: Das der Persönlichkeitsentwicklung unter sensomotorischen Vorzeichen mit jenem der Strategie-, Organisations-, Team- und Persönlichkeitsentwicklung aus dem „Business-Kontext".

Kurze Gebrauchsanweisung für dieses Buch

Die in diesem Buch zusammengestellte Auswahl bewährter und durchaus ungewöhnlicher Impulse für die Arbeit mit kleinen und großen Gruppen greift auf einen Kanon mit vielfältigen Wurzeln zurück. In den späten 70er Jahren des letzten Jahrhunderts kamen die sogenannten „New Games" auf, also Spiele, die vorzugsweise nicht auf Gewinnen und Verlieren ausgerichtet waren, aber dennoch faszinierende und motivierende Bewegungsaufgaben stellten. Bei genauerem Hinsehen zeigte sich allerdings, dass manche Elemente der New Games ihre Wurzeln in tradierten Übungs- und Turnspielen hatten, die schon Jahrzehnte zuvor entstanden waren. Ebenso zeigt die genauere Lektüre aktueller Leitfadenliteratur rund um die Gestaltung von Workshops, Trainings oder Konferenzen, dass allerorten auf ähnliche Quellen zurückgegriffen wird, ohne dass sich im Nachhinein noch rekonstruieren ließe, woher die ursprüngliche Idee kam.

Die wesentliche Quelle für die in diesem Buch zusammengestellten und für die Arbeit mit Gruppen aufbereiteten Interventionen und Impulse sind Spiel- und Übungsformen aus der psychomotorischen Arbeit mit Kindern wie auch Erwachsenen. „Psychomotorik" ist eine interdisziplinäre Richtung der (Heil-)Pädagogik, die ursprünglich auf eine ganzheitliche Entwicklungsförderung von Kindern ausgerichtet ist. Was zunächst exotisch klingen mag, hat seine Tauglichkeit seit langem bewiesen: Die in jahrzehntelanger Arbeit entwickelten und vielfach bewährten Übungs- und Spielformen haben längst erfolgreich Eingang in die Gestaltung von Workshops, Seminaren, Konferenzen etc. gefunden. Manches musste modifiziert werden oder fand durch seine Transformation in die Arbeit mit Arbeitsgruppen in professionellen Kontexten zu neuer Form. Am Ende zeigt sich jedoch immer wieder, dass Spaß, Lebendigkeit und Achtsamkeit zu jedem Thema und für jede Gruppe passen, wenn es darum geht, (neuen) Sinn zu finden.

Einige Erläuterungen zur Anwendung dieses Buches:

- Wir verwenden die Bezeichnungen „Spiel", „Übung", „Intervention", „Impuls", „Spielform" weitgehend synonym. Denn der Praxiseinsatz zeigt immer wieder, dass sich die Grenzen nicht eindeutig ziehen lassen: Eine Intervention kann in dem einen Fall als Spiel inszeniert und erlebt, im anderen Fall als Übung begriffen werden.

- Alle in diesem Buch zusammengestellten Interventionen sind anhand einer durchgängigen Gliederung beschrieben, die eine schnelle Orientierung erlauben soll. Neben den Angaben zum zeitlichen Umfang, zur Örtlichkeit, zur Personenanzahl, zum einzusetzenden Material und der eigentlichen Ablaufbeschreibung haben wir immer wieder über die „Charakterisierung" sowie die Ziel- und Zwecksetzung diskutiert. Die Gliederungspunkte „Was kommt heraus?" und „Wozu?" zielen genau darauf ab: „Was kommt heraus?" adressiert das Ziel, das in der konkreten Situation erreicht wird, während „Wozu?" die Effekte aufzeigt, die sich im Anschluss an die konkrete Gruppensituation ergeben. Zweifellos sind manche Übungsimpulse auch zu ganz anderen Zielen und Zwecken einsetzbar – betrachten Sie deshalb die in der jeweiligen Beschreibung ausgewiesene Orientierung als Einladung an Ihre eigene Kreativität. Die Fotos mögen Ihnen eine zusätzliche Hilfestellung sein, um rasch auswählen zu können.

- Die Beschreibungstexte sind prägnant und auf das Wesentliche konzentriert. Anhand von zwei Beispielen stellen wir jedoch ausführlichere Beschreibungen bereit, die auch Formulierungsvorschläge für die Anmoderation sowie Anregungen im Detail enthalten. Die Vorschläge lassen sich auch auf andere Spiele übertragen. Gerade Einsteiger mögen davon profitieren.

- Die Spiele sind sortiert anhand des Materialbedarfs. Wir gehen davon aus, dass Moderatorinnen, Trainer, Beraterinnen und andere Facilitatoren in ihrer Vorbereitung immer auch den materiellen Aufwand berücksichtigen, den die einzusetzenden Interventionen mit sich bringen. Es ist allerdings darauf hinzuweisen, dass sich schon durch kleine Änderungen der Übung Akzentverschiebungen auch im Hinblick auf den Materialeinsatz ergeben können. Insofern dient die aus der Sortierung nach Materialbedarf resultierende Gliederung Ihrer Orientierung – eine bindende Vorgabe stellt sie keineswegs dar.

- Hier und da mag eine Intervention als schwierig erscheinen, etwa dann, wenn körperliche Berührung ins Spiel kommt. In der Tat muss bei der Auswahl der einzusetzenden Impulse stets die Zielgruppe im Blick bleiben – nicht alles geht mit allen. Vielleicht lässt sich ein Impuls durch geringfügige Modifikation anpassen, um Irritationen der teilnehmenden Personen zu vermeiden. Bemerkt sei aber auch, dass Irritationen zuweilen sehr nützlich sein können – wobei sie selbstverständlich einen nicht immer eindeutig geklärten Rahmen zu beachten haben, der viel mit der gelebten Kultur in der betreffenden Organisation bzw. der Zielgruppe zu tun hat.

- Und noch eine stilistische Bemerkung: Weil wir es mühsam finden, die Irrelevanz weiblicher und männlicher Adressierung durch dudenfremde Schreibweisen oder Partizipalkonstruktionen anzuzeigen, wechseln wir kurzerhand in den Texten die Geschlechter. Mal haben es Moderatorinnen mit Teilnehmern zu tun, mal sind es Mitspielerinnen, die von einem Impulsgeber angeleitet werden. Ab und zu wechseln wir unter Inkaufnahme grammatischer Regelverstöße mitten im Satz die Geschlechter – denn die sind vollkommen unerheblich für das, was die Impulse und Interventionen erreichen wollen und können.

Abschließend ist darauf hinzuweisen, dass es für manche Spielform, die Sie in diesem Buch finden, sicherlich hilfreich ist, den Ablauf einschließlich der Anmoderation zunächst auszuprobieren, bevor es an den „Ernstfall" geht. Eine professionelle Arbeit mit Menschen muss stets im Bewusstsein der besonderen Verantwortung stattfinden, die wir als Moderator, Trainerin oder Facilitator haben, aber wem sagen wir das. Auf der anderen Seite ist es unsere eigene Erfahrung, dass gerade ein explorierendes Arbeiten zu neuen Lösungen oder Varianten führen kann. Es bleibt dabei: Fühlen Sie sich herzlich eingeladen, über die Sinne zum Sinn zu führen – Sie selbst sind ausdrücklich einbezogen.

„Let the games begin", heißt es zum Start olympischer Spiele. Das passt auch hier, wie wir finden. Denn wer kennt nicht die Klagen und müden Augen, wenn bei Workshops, Konferenzen oder Meetings, in Vorträgen und Präsentationen ausschließlich visuelle und auditive Reize geboten werden. Wird die PowerPoint-Schlacht durch gustatorische und olfaktorische Reize in Form von Kaffee und Kek-

sen unterbrochen, so schafft dies in der Regel nur kurzfristige Linderung, denn bald geht es weiter im gewohnten Trott der Monologe, die nur mühsam als Dialog, Auseinandersetzung und Begegnung getarnt werden.

Andere Formen der Begegnung, wie sie dieses Buch in Aufgaben, Übungen, Experimenten oder Spielen vorstellt, aktivieren und produzieren damit Sinn. Denn Spaß, Kreativität und Wachheit beleben jede Kommunikation. Kompetente Moderatorinnen werden sie an den passenden Stellen und wohl dosiert einsetzen und damit für innere und äußere Bewegtheit sorgen.

Den Skeptikern dieser „Spielerei" sei der berühmte Satz von Schiller in Erinnerung gerufen: „Der Mensch spielt nur, wo er in voller Bedeutung des Wortes Mensch ist, und er ist nur Mensch, wo er spielt." In seinen 1795 erschienenen Briefen „Über die ästhetische Erziehung des Menschen" meinte er nicht etwa das Kinderspiel, sondern die Erwachsenenwelt.

Hans Jürgen Beins, Rudolf Lensing-Conrady und Guido Wolf, im März 2017

Absender:

Name

Vorname

Beruf

Straße

PLZ/Ort

Bitte informieren Sie mich regelmäßig über Ihr Buchprogramm per E-Mail an (ich kann diese Verfügung jederzeit schriftlich widerrufen):

Porto zahlt Empfänger

Antwort/
Postkarte

BORGMANN MEDIA
verlag modernes lernen
borgmann publishing

Schleefstraße 14

D - 44287 Dortmund

Sehr geehrte Leserin, sehr geehrter Leser,

uns interessieren Ihre ganz persönliche Meinung sowie Ihre Interessengebiete. Beides ist für die zukünftige Arbeit unseres Verlages sehr wertvoll. Vorteil für Sie: Über entsprechende Neuerscheinungen werden Sie regelmäßig informiert. Sie erhalten unsere Bücher im Buchhandel oder direkt beim Verlag.

Diese Karte lag im Buch (bitte eintragen!):

Verlags-Bestell-Nr. _____

Aufmerksam wurde ich durch

- ○ Verlagsprospekt
- ○ Empfehlung meines Buchhändlers
- ○ Empfehlung eines/r Bekannten
- ○ Anzeige in einer Zeitschrift
- ○ Fortbildung beim Autor

- ○ Namen des Autors
- ○ Pressebesprechung
- ○ Internetrecherche allg.
- ○ Homepage d. Verlages
- ○ Geschenk

Mein Urteil:

Bitte informieren Sie mich über folgende Sachgebiete:

- ○ **Bewegtes Lernen / Psychomotorik**
- ○ **Diagnostik / Frühförderung / Kindergarten / Grundschule**
- ○ **Sonderpädagogik / Sozialpädagogik / Heilpädagogik**
- ○ **Ergotherapie / Neurologie**
- ○ **Sprachheilpädagogik / Sprachtherapie / Logopädie**
- ○ **Pädagogische Psychologie / Lernpsychologie**
- ○ **Systemische Therapie / Familientherapie / Verhaltenstherapie / Psychotherapie**
- ○ **Multimedia (Audio-CD, DVD)**
- ○ **E-Books**

Bitte Absender auf der Rückseite nicht vergessen!

Mit vollem Einsatz – ohne Material

Spiele und Übungen, die die Teilnehmerinnen miteinander erleben, die aber keine Materialien erfordern, lassen sich jederzeit und an jedem Ort leicht einsetzen. Dies ermöglicht auch eine spontane Intervention oder Auflockerung der Veranstaltung, wenn dies nötig wird. Und falls die Beschreibung beispielsweise eine Augenbinde empfiehlt, dann lässt sich dieses Spiel natürlich auch ohne dieses Hilfsmittel durchführen, wenn der entsprechende Teilnehmer die Augen schließt.

Drückeberger

Teilnehmerzahl: 4 – 40
Organisationsform: Plenum
Zeitrahmen: 5 Min.
Ort: Raum, Außengelände
Material: kein Material erforderlich
Schwerpunkt: Fremdwahrnehmung, Konzentration
Charakteristik: lebhaft, konzentriert, aktivierend
Positionierung: Workshopstart

Wie geht's?

Die Moderatorin bittet alle Teilnehmer, sich frei im Raum aufzustellen. Dann bittet sie alle Teilnehmer, eine Zahl zwischen 3 und 9 zu wählen, diese aber nicht zu nennen. Anschließend bewegen sich die Teilnehmer frei im Raum und begrüßen die anderen, indem sie deren Hände entsprechend der gewählten Zahl drücken, also zwischen 3 und 9 Mal. Da sich alle Teilnehmer eine Zahl ausgedacht haben, drücken beide gleichzeitig. Nach dieser Begrüßung sollen sie ihrem Gegenüber sagen, welche Zahl dieser gewählt hat. Anschließend suchen sich beide wieder neue Partner. Die Moderatorin empfiehlt den Teilnehmern, dass beide Partner beim Drücken den gleichen Rhythmus wählen, dies erleichtert die Aufgabe.

Variation

Die Teilnehmer wählen eine Bewegung (Winken, Stampfen, Nicken, ...), die sie statt des Drückens machen. Ansonsten bleibt die Aufgabe wie vorher.

Was kommt heraus?

Zum Beginn der Veranstaltung wird eine Form der persönlichen Begrüßung gewählt, die trotz notwendiger Konzentration lebhaft und auflockernd ist. Die erste Begegnung ermöglicht einen ersten Kontakt zu noch unbekannten Teilnehmern. Sie versuchen beim Drücken einen gemeinsamen Rhythmus zu finden und sich auf die eigene Zahl und die Zahl des Gegenübers zu konzentrieren.

Wozu?

Die Partner werden bei dieser Übung bewusst wahrgenommen. Das „Eis" wird durch diese Form der Begrüßung gebrochen, was den weiteren Kontakt im Seminarverlauf erleichtert.

Umrundungen

Teilnehmerzahl: 10 – 40
Organisationsform: Plenum
Zeitrahmen: 5 – 10 Min.
Ort: Raum, Außengelände
Material: kein Material erforderlich
Schwerpunkt: Prozessverständnis, Flexibilität, Fremdwahrnehmung, Problemlösung in der Gruppe
Charakteristik: aktivierend, lebendig, achtsamkeitsfördernd
Positionierung: Aktive Pause, methodische Ergänzung

Wie geht's?

Die Teilnehmerinnen gehen/laufen kreuz und quer im Raum.
Jede Teilnehmerin sucht sich eine Partnerin aus, die das aber nicht bemerken soll.
Auf ein Zeichen der Workshopleiterin versuchen alle, ihre gewählte Partnerin einmal zu umrunden.

Variationen

- Dieselbe Aufgabenstellung, jedoch verbunden mit der Anforderung, dass die gewählte Partnerin möglichst schnell 3 × umrundet werden soll.
- Jede Teilnehmerin sucht sich zwei Partnerinnen aus, die das aber nicht bemerken sollen. Auf ein Zeichen der Workshopleiterin versuchen alle, beide gewählten Partnerinnen einmal zu umrunden.

Dieses Spiel wird zuweilen als „Chaos-Spiel" bezeichnet. Es eignet sich jedoch besonders gut, um Lebendigkeit in eine Situation zu bringen. Zudem wird bewusst gemacht, dass es stets zu einem Durcheinander führen kann, wenn gleichzeitig konkurrierende Handlungspläne verfolgt werden.

Was kommt heraus?

Die Aufgabenlösung erfordert Auffassungsgabe und schnelles Reagieren auf sich ergebende Konstellationen. Ein konsistentes Verfolgen der eigenen Handlungsplanung ist erforderlich, da immer gleichzeitig auch die anderen Teilnehmerinnen aktiv sind und ihre eigenen Pläne verfolgen. Gleichzeitig erleben die Teilnehmer, dass sie selbst Gegenstand der Handlungspläne anderer sind, sodass ein zu starres Festhalten an den eigenen Planungen für das Gelingen hinderlich ist.

Wozu?

Die Intervention macht bewusst, dass es schnell zu Durcheinander führt, wenn jede ihr „eigenes Ding" verfolgt, ohne auf andere zu achten. Deutlich wird, dass es einer flexiblen Balance zwischen den eigenen Absichten und jenen der Anderen bedarf, um die Aufgabe zu lösen.

Formen erkennen und wiedergeben

Teilnehmerzahl: 4 – 40
Organisationsform: Partnerarbeit, Gruppenarbeit
Zeitrahmen: 10 – 30 Min.
Ort: Raum, Außengelände
Material: Kein Material notwendig
Schwerpunkt: Selbstwahrnehmung, Fremdwahrnehmung, Führen – sich führen lassen, Problemlösung in der Gruppe, Konzentration, Kreativität
Charakteristik: ruhig, konzentriert, aufmerksamkeits- und achtsamkeitsfördernd
Positionierung: aktive Pause, ggfs. thematischer Bezug

Wie geht's?

Die Teilnehmerinnen gehen partnerweise zusammen. Eine Teilnehmerin malt der anderen eine Zeichnung (Form, Muster, Buchstaben, Zahlen, Worte, einfache Bilder …) auf …

a. … den Rücken: das Gemalte soll erkannt und benannt werden;
b. … den Rücken: das Gemalte wird erkannt, jedoch nicht benannt; stattdessen wird die Form / der Buchstabe / die Zahl … so groß wie möglich als Umriss oder Figur im Raum abgeschritten.
c. … die Hand (verkleinerte Fläche), dito wie a. oder b.
d. … ein Blatt Papier. Die Zeichnung wird als Umriss oder Figur im Raum abgeschritten, wobei die Zeichnung entweder als Stütze mitgenommen oder aber studiert und dann aus dem Gedächtnis nachvollzogen wird.
e. … den Boden und zwar durch das Abschreiten der gewünschten Form oder Figur im Raum. Die Partnerin protokolliert die Bewegung (auf Papier oder auch visuell erinnernd) und kann dann ggfs. die Form oder Figur benennen.

Anschließend tauschen die Teilnehmerinnen die Rollen.

Variation 5-er Gruppe

Ein Teilnehmer aus der Gruppe denkt sich eine (abstrakte oder gegenständliche) Form aus und läuft diese schweigend so groß wie möglich in den Raum. Die 4 übrigen Teilnehmer zeichnen den Laufweg auf ihr Papier (Protokoll), bis sie die Form erkennen. Die Lösungen werden verglichen.

Durch die unterschiedliche Komplexität der Formen und die variable Art der Vorgaben entsteht eine methodische Vielfalt, die auf die individuellen Voraussetzungen der Teilnehmer eingehen kann.

Was kommt heraus?

Die Teilnehmerinnen nehmen Formen wahr, erkennen sie und können sie in anderer Weise wiedergeben (z. B. Transfer eines auf den eigenen Rücken geschriebenen Buchstabens in eine abgeschrittene Linie). Dadurch werden das assoziative Denken wie auch die Kreativität im Sinne eines „out-of-the-box-Ansatzes" angeregt.

Wozu?

Das Erkennen und Wiedergeben von Formen kann zu einer Steigerung der Aufmerksamkeit, der Wahrnehmungsfähigkeit und Kreativität der Teilnehmerinnen führen. Zudem werden Transferkompetenzen gefördert.

Fotograf und Kamera

Teilnehmerzahl: 4–40
Organisationsform: Partnerarbeit
Zeitrahmen: 10–15 Min.
Ort: Raum, Außengelände
Material: kein Material notwendig
Schwerpunkt: Selbstwahrnehmung, Fremdwahrnehmung, Führen – sich führen lassen, Konzentration
Charakteristik: ruhig, konzentriert, achtsamkeitsfördernd
Positionierung: aktive Pause, evtl. thematischer Einstieg

Wie geht's?

Die Partner übernehmen jeweils eine Funktion: Fotograf oder Kamera. Die „Kamera" hat die Blende geschlossen (Augen zu), wird vom Fotografen zu einem ausgewählten Objekt geführt und genau darauf ausgerichtet. Wenn der Fotograf den zu vereinbarenden „Auslöser" (z. B. auf dem Scheitel) drückt, öffnet sich die „Linse" (Augen) für einen kurzen Moment. Wenn dieses Objekt „im Kasten" ist, wendet sich der Fotograf einem neuen Objekt zu. Nach 5 bis 7 Fotos nennt die „Kamera" die fotografierten Objekte. Danach wechseln die Rollen.

Variationen

- Mehr oder weniger Objekte werden fotografiert / erinnert.
- Nur die Fotos werden „belichtet", in denen ein bestimmtes Material (Holz, Metall, Farbe etc.) vorkommt. Als zusätzliche Variante könnte die Frage an die Kamera lauten: „Was haben die fotografierten Objekte gemeinsam?"
- Die zu „fotografierenden" Objekte können einen direkten Themenbezug haben und damit beispielsweise eine Seminardiskussion eröffnen.
- Der Fotograf erhält die Aufgabe, 3 für ihn attraktive und 3 unattraktive Objekte „fotografieren" zu lassen – in bunter Reihenfolge. Die „Kamera" soll diese Objekte nicht nur erinnern, sondern zusätzlich nach Attraktivität kategorisieren. Anschließend tauschen sich die beiden zu übereinstimmenden und nicht übereinstimmenden Bewertungen aus.

Nach jedem Durchgang tauschen sich die Partner darüber aus, was „aufgenommen" (eigentlich: wahrgenommen) wurde und was der Fotograf ursprünglich aufnehmen wollte.

Wozu?

Die Aufgabe kann zu einem genaueren Hinschauen und einer Erhöhung der Aufmerksamkeit führen. Ebenso können gezielt spezifische Themen- bzw. Fragestellungen oder unterschiedliche Sichtweisen und Wertungen in den Fokus gerückt werden.

Was kommt heraus?

Die Aufgabe aus dem Bereich „Führen und Folgen" unterstützt die partnerschaftliche Zusammenarbeit und ist in der Lage, die Aufmerksamkeit auf bestimmte Aspekte zu lenken.

Wo liegt der Fehler?

Teilnehmerzahl: 4 – 25
Organisationsform: Gruppenarbeit, empfohlen: 5-er Gruppen
Zeitrahmen: 20 – 30 Min.
Ort: Raum, Außengelände
Material: kein Material erforderlich
*Schwerpunkt: Selbstwahrnehmung, Fremdwahrnehmung, Teambuilding,
Problemlösung in der Gruppe, Konzentration*
Charakteristik: ruhig, konzentriert, achtsamkeitsfördernd
Positionierung: aktive Pause, evtl. auch thematischer Einstieg

Wie geht's?
Die Moderatorin bittet darum, dass sich Gruppen mit 5 – 6 Personen zusammen-finden. Dann erklärt sie den Gruppen die Aufgabe. Ein Mitglied (die Künstlerin) der Gruppe stellt 3 weitere zu einem Gruppenbild bzw. zu einer „Skulptur" in belie-bigen Körperstellungen zusammen. Die „Künstlerin" prägt sich das Gruppenbild nun bestmöglich ein und wendet sich anschließend ab. Jetzt darf das bislang nur indirekt beteiligte Gruppenmitglied an jeder zum Standbild gehörenden Person ein Detail ändern. Die Künstlerin versucht die Veränderungen zu erkennen und die Fehler zu beheben. Anschließend wechseln die Aufgaben in der Gruppe, bis jede Teilnehmerin einmal Künstlerin war.

Variation
Es dürfen mehr oder weniger Details verändert werden.

Was kommt heraus?
Zunächst einmal dient diese Aufgabe der Schulung von Wahrnehmung und Ge-dächtnisleistung. Die gemeinsame Aufgabenbearbeitung verbessert den Grup-penkontakt und die Kooperationsfähigkeit.

Wozu?
Diese Aufgabe ist geeignet, die Aufmerksamkeit, Wahrnehmungsfähigkeit und Ko-operationsbereitschaft der Beteiligten zu verbessern. Die Achtsamkeit der Teilneh-merinnen wird gefördert.

Das Wesen

Teilnehmerzahl: 4 – 25
Organisationsform: *Gruppenarbeit, Plenum*
Zeitrahmen: *5 Min.*
Ort: *freier Raum, Außengelände ohne Hindernisse*
Material: *kein Material erforderlich*
Schwerpunkt: *Selbstwahrnehmung, Fremdwahrnehmung, Kooperation, Konzentration*
Charakteristik: *ruhig, konzentriert, achtsamkeitsfördernd*
Positionierung: *Seminareinstieg, aktive Pause, Seminarende*

Wie geht's?

Der Seminarleiter bittet die Gruppe, sich in der Mitte des freien Raumes zu verteilen und die Augen zu schließen. Unter den Teilnehmerinnen wird vom Seminarleiter während des Spiels eine Person als „Wesen" bestimmt (z. B. durch einen Druck auf die Schulter, evtl. auch erst nach einigen Minuten). Nun geht jede Teilnehmerin mit geschlossenen Augen langsam los. Angeraten ist ein Selbstschutz durch einen quer vor den Körper gehaltenen Arm sowie eine akustische Wachsamkeit. So bekommen sie mit, wo sich die anderen Teilnehmerinnen bewegen. Berühren sich zwei Teilnehmerinnen, stellen sie die Frage: „Bist Du das Wesen?" Die Antwort (zunächst eher „Nein") erfolgt und die Teilnehmerinnen gehen weiter.

Trifft eine Teilnehmerin aber auf „das Wesen", erhält sie keine Antwort, denn das Wesen bleibt stumm. Durch die Begegnung wird die Teilnehmerin Teil des Wesens und hält es am Arm fest. Nun besteht das Wesen bereits aus zwei Teilnehmerinnen, die jetzt beide auf die Frage einer dritten Teilnehmerin, ob sie das Wesen seien, keine Antwort geben. Auch die dritte Teilnehmerin wird zum Wesen, sodass es wächst. Sukzessive werden alle Teilnehmerinnen eins mit dem Wesen. Ein hilfreicher Hinweis des Seminarleiters könnte lauten: „Das Wesen ist dort, wo man nichts hört." Wenn das Wesen vollständig ist, bittet der Seminarleiter alle Teilnehmer, die Augen wieder zu öffnen.

Was kommt heraus?

Das zunächst überraschende Element der Umkehrung der Aufmerksamkeit auf die Stille bzw. Leere setzt auch im Seminar die „Uhr auf null". Die Aufgabe ist gut geeignet als Bewegungspause, aber auch zur Unterstützung eines Wir-Gefühls.

Wozu?

Sich „blind" zu begegnen ist eine ungewöhnliche Erfahrung. Es wird ein Gemeinsamkeitsgefühl der Gruppe unterstützt.

Ordnen und Ordnungen

Teilnehmerzahl: 4 – 25
Organisationsform: Gruppenarbeit
Zeitrahmen: 5 –15 Min.
Ort: Raum, Außengelände
Material: kein Material erforderlich
Schwerpunkt: Selbstwahrnehmung, Fremdwahrnehmung, Teambuilding
Charakteristik: ruhig, konzentriert, achtsamkeitsfördernd
Positionierung: aktive Pause, Seminarende, methodische Ergänzung
(z. B. im Themengebiet Diversity)

Wie geht's?

Die Gruppe steht zusammen und schließt die Augen. Ein Mitglied der Gruppe erhält die Aufgabe, blind und ohne Worte die anderen Teilnehmer nach der Körpergröße sortiert aufzustellen. Es bleibt dabei ihm überlassen, wie er die Körpergröße feststellt.

Variationen

- Die ordnende Person reiht sich anschließend (noch blind) in die Reihe ein.
- Mit offenen Augen und eher in größerer Gruppe ab ca. 10 Teilnehmern: Ordnen nach eigenen Kriterien (Haarfarbe, Ärmellänge, Schmuck etc.; erlaubt sind Reihenfolgen, Gruppierungen). Wer ein eigenes Kriterium hat, stellt die Gruppe entsprechend auf, ohne das Kriterium zu nennen. Bemerken die übrigen Teilnehmer, nach welchem Kriterium sortiert wurde?
- Insbesondere bei größeren Gruppen ist es interessant, 2 Teilgruppen gegenüber aufzustellen. In jeder Teilgruppe erhält eine Person den Auftrag, die Teilgruppe nach einem eigenen Kriterium wie oben geschildert aufzustellen. Der Vorteil ist hier, dass man als passiver Teilnehmer (also als jemand, der gestellt wird) die andere Teilgruppe beobachten kann.
- Weitere Ordnungen sind vorstellbar. Beispielsweise nach geographischer Herkunft: Die Teilnehmer stellen sich nach den Himmelsrichtungen auf, ausgehend vom aktuellen Aufenthaltsort (könnte beispielsweise durch einen Gegenstand in der Raummitte symbolisiert sein). In diesem Fall müssen sie kommunizieren dürfen, um ihre Herkunftsrichtung zusätzlich nach Entfernungsdistanz nachzustellen („nördlich" vom Veranstaltungsort steht beispielsweise Frau Schmitz aus Münster, etwas weiter „nördlich" Herr Schulze aus Osnabrück).

Die Übung eignet sich also sowohl für die Feststellung von Unterschieden als auch für die Klassifizierung anhand von (äußerlichen) Gemeinsamkeiten. Hierüber lassen sich Bezüge zu vielen inhaltlichen Themen rund um Organisation und Unternehmenskultur herstellen.

Was kommt heraus?

Ergebnis ist eine sinnlich wahrnehmbare Ordnung anhand unterschiedlicher Kriterien. Die Teilnehmer entdecken ihre Unterschiede und Gemeinsamkeiten. Dies kann thematisch für die weitere Arbeit genutzt werden.

Wozu?

In Zeiten zunehmender Internationalisierung wird Diversity immer wichtiger. Diese einfache und schnell umsetzbare Übung schärft das Bewusstsein für den Umgang mit Gemeinsamkeiten und Unterschieden.

Verschiebungen

Teilnehmerzahl: 10 – 40
Organisationsform: Plenum
Zeitrahmen: 15 – 20 Min.
Ort: Raum, Außengelände
Material: kein Material erforderlich
Schwerpunkt: Prozessverständnis, Fremdwahrnehmung, Bewusstsein für Interdependenz, Problemlösung in der Gruppe, Konzentration
Charakteristik: ruhig, achtsamkeitsfördernd
Positionierung: Einstieg in Themensequenz zu Führung unter Komplexitätsbedingungen, methodische Ergänzung

Wie geht's?

Das Spiel entwickelt sich in mehreren Schritten.

1. Die Teilnehmer verteilen sich kreuz und quer im Raum. Dabei sollen die Abstände zwischen allen Personen gleich sein. Nun bestimmt die Moderatorin einen Teilnehmer, der einen Schritt in eine beliebige Richtung macht. Alle anderen Teilnehmer sollen sich auf die neue Position ausrichten und erneut die Abstände zueinander angleichen. Dies kann 2 – 3 × wiederholt werden.
2. Die Moderatorin fordert nun dazu auf, dass jeweils 3 Personen die Hand heben, die sich in Form eines gleichseitigen Dreiecks positioniert sehen.
   Hinweis: Damit wird deutlich, was mit „gleichseitigem Dreieck" gemeint ist.
3. Die Teilnehmer werden aufgefordert, sich quer durch den Raum zu bewegen. Währenddessen wählt jeder Teilnehmer zwei Partner aus, die das jedoch nicht bemerken sollen. Auf ein Zeichen der Moderatorin versuchen alle, mit ihren gewählten Partnern in einem gleichseitigen Dreieck zu stehen. Dabei darf nicht gesprochen werden.
   Hinweis: Die gesamte Zuordnung für alle „Dreiecke" wird voraussichtlich nicht sofort gelingen, da jede Bewegung einer Person sofort Auswirkungen auf die gleichseitigen Dreiecke der anderen Personen hat. Mit etwas Geduld und aufmerksamer Beobachtung der Wechselwirkungen ist die Aufgabe lösbar.

Variation

Statt eines gleichseitigen Dreiecks kann die Moderatorin andere Positionierungsaufgaben stellen. Zum Beispiel können die beiden ausgesuchten Partner unterschiedliche Qualitäten bekommen: Die eine Person ist „magnetisch", d. h. man will ihr so nahe wie möglich sein, die andere ist „abstoßend", d. h. man will zu ihr möglichst großen Abstand haben. Gibt die Moderatorin ein Zeichen, versucht jeder Teilnehmer zu beiden gewählten Partnern einen zur zugeschriebenen Qua-

lität passenden Abstand einzunehmen. Gleichzeitig probieren auch alle anderen Teilnehmer, diese Konstellation umzusetzen.

Was kommt heraus?

Diese anspruchsvolle Aufgabenstellung ist mit etwas Geduld und Flexibilität immer lösbar. Hier kann ein jeder nur insoweit die eigene Handlungsplanung umsetzen, wie es die sich (durch die übrigen Teilnehmerbewegungen) ständig verändernde Situation erlaubt. Die Realisierung der neuen Situationen und die ständige Bereitschaft, auf diese mit einer Anpassung des eigenen Handlungskonzeptes zu reagieren, führen zum Erfolg.

Wozu?

Die Intervention fördert die Erkenntnis, dass durch eigenes Handeln Konsequenzen für Andere erzeugt werden: Wenn ich meine Position ändere, dann ändern sich auch die Positionen der anderen Beteiligten. Ebenso wird bewusst, dass das Handeln der Anderen direkte oder auch indirekte Folgen für die eigene Position hat.

Einsam und Gemeinsam

Teilnehmerzahl: 4 – 25
Organisationsform: Plenum
Zeitrahmen: 5 – 30 Min.
Ort: Raum, Außengelände
Material: kein Material erforderlich
Schwerpunkt: Selbstwahrnehmung, Fremdwahrnehmung, Teambuilding, 3D-Visualisierung
Charakteristik: motivierend, konzentriert, achtsamkeitsfördernd
Positionierung: thematischer Einstieg, thematische Vertiefung, methodische Ergänzung

Wie geht's?

Die Teilnehmer sitzen bis auf die Seminarleiterin auf ihrem jeweiligen Stuhl (alle übrigen Stühle werden beiseite gestellt). Nun stellt die Seminarleiterin eine Aufgabe, nach der alle betroffenen Teilnehmer den Platz wechseln müssen. Wer im Verlauf dieses Platzwechsels keinen Stuhl bekommt, stellt die nächste Aufgabe. Z. B. „Alle, die blonde Haare haben ...", „Alle, die gerne diskutieren ...", „Alle, die der Meinung sind, dass ..." usw. Diese Fragestellungen können sich auch auf Seminarinhalte beziehen.

Variation

Statt der Gemeinsamkeit wird die Einzigartigkeit bzw. Besonderheit der Teilnehmer deutlich, wenn statt der genannten Fragen folgende Erklärung abgegeben wird: „Ich glaube, ich bin der Einzige ... der Schafe züchtet". Sollte noch ein Schafzüchter im Raum sein, steht dieser auf und die beiden tauschen ihren Platz. Wer steht, gibt eine weitere Erklärung ab. Recht spezifische Fähigkeiten, Interessen etc. führen dazu, mehr von sich zu erzählen. Mit einer allgemeineren Erklärung („Ich glaube, ich bin der Einzige, der jetzt gerne eine Pause einlegen würde.") kann man für eine rasche Ablösung sorgen.

Was kommt heraus?

Die Aufgabe zielt auf eine Erweiterung des gegenseitigen Verständnisses und der Toleranz füreinander.

Wozu?

Bei dieser Aufgabenstellung werden die Gemeinsamkeiten und Unterschiedlichkeiten der Seminarteilnehmer deutlich. Diese werden als individuelle Ausgangspunkte kooperatives Lern- und Arbeitsprozesse erfahrbar.

Heulbojen

Teilnehmerzahl: 4 – 25
Organisationsform: Gruppenarbeit, Plenum
Zeitrahmen: 5 – 15 Min.
Ort: Raum, Außengelände
Material: kein Material erforderlich
Schwerpunkt: Selbstwahrnehmung, Fremdwahrnehmung, Kooperation,
Führen – sich führen lassen, Konzentration
Charakteristik: konzentriert, aktivierend
Positionierung: aktive Pause

Wie geht's?
Für diese Aufgabe wird eine freie Fläche benötigt. Der Seminarleiter bittet nun zwei
Teilnehmer, sich an eine Seite des Seminarraumes zu stellen. Sie sind „Schiffe",
die „nachts" (Augen zu) den Hafen (gegenüberliegende Wand) erreichen sollen.
Alle anderen Teilnehmer verteilen sich auf der Freifläche und sind die „Heulbojen".
Sie signalisieren den Schiffen, dass „Gefahr" droht. Dazu senden sie einen Dau-
erton aus, der sich bei zu starker Annäherung verstärkt, so dass die Schiffe dieser
Stelle ausweichen können.
Der Seminarleiter positioniert sich an der Wand („Hafen") und kann zum einen bei
etwaigen Irrwegen der Teilnehmer durch einen akustischen Hinweis, etwa: „Hier
ist der Hafen", zusätzliche Hilfestellung bieten. Zum anderen sorgt er dafür, dass
die „Schiffe" rechtzeitig vor der Wand stoppen.

Was kommt heraus?
Bei diesem Spiel sind die „Schiffe" auf die Hilfe der anderen Teilnehmer „die Heulbojen" angewiesen, die ihnen die Richtung durch die Dunkelheit weisen. Die Teilnehmer müssen einander vertrauen und gegenseitig helfen.

Wozu?
Richtungshören, genaueres Zuhören und akustische Differenzierung werden hier
spielerisch geübt. Diese Fähigkeiten erhöhen die Wahrnehmungsqualität und sind
für jede Diskussion hilfreich.

Mit Alltagsmaterialien

Materialien des alltäglichen Gebrauchs sind kostenlos oder preis-
wert und lassen sich einfach besorgen. Ein Stapel Tageszeitungen,
ein paar Wäscheklammern, Zollstöcke oder Teppichfliesen, und
schon gibt es wieder einen großen Fundus von Übungen und Spielen, die aktivieren und Gruppen oder Teams zu kreativer Lösungssuche anregen.

In Balance

Teilnehmerzahl: 4–25
Organisationsform: Einzel- und Gruppenarbeit
Zeitrahmen: 15–20 Min.
Ort: Raum, Außengelände
Material: ein Zollstock je Teilnehmer
Schwerpunkt: Problemlösung in der Gruppe
Charakteristik: konzentriert
Positionierung: thematischer Einstieg

Wie geht's?

Der Moderator stellt jedem Teilnehmer einen Zollstock zur Verfügung. Er stellt die Aufgabe, diesen auseinanderzuklappen und dann Möglichkeiten zu suchen, den Zollstock in Balance zu bringen. So könnten z. B. eine Stuhllehne oder eine Flasche als Auflagefläche dienen.

Nachdem die Teilnehmer einige individuelle Lösungen gefunden haben, erhalten sie vom Moderator die Aufgabe, sich in Gruppen von 4–6 Personen zusammenzufinden und ihre Zollstöcke auf einem möglichst kleinen Auflagepunkt in Balance zu bringen.

Variation

Die Teilnehmerinnen sollen den Zollstock auf der Hand, einem Finger, dem Kopf … balancieren. Sie bilden eine Gruppe, und eine Person setzt sich auf einen Stuhl. Die anderen Teilnehmer der Gruppe bringen nun die Zollstöcke auf dem Kopf des Sitzenden in Balance. Dann versucht dieser aufzustehen und dabei die Zollstöcke in Balance zu halten.

Was kommt heraus?

Die einzelnen Teilnehmer machen die Erfahrung, dass Balance nichts Statisches, sondern von der Auflagefläche bzw. Basis abhängig ist. Sobald ein System komplexer wird (4–6 Zollstöcke) und die Basis klein bleibt, wird es schwieriger, Balance herzustellen. Mit zunehmender Gruppengröße steigt die Notwendigkeit, Risiken abzuwägen und eine für die gesamte Gruppe tragfähige Lösung zu finden.

Wozu?

Die Übung fördert Initiative, indem der Einzelne Vorschläge für eine Lösung einbringt. Gleichzeitig adressiert die Übung die Notwendigkeit von Absprachen und Risikoeinschätzungen.

In Kontakt

Teilnehmerzahl: 4–40
Organisationsform: Partnerarbeit
Zeitrahmen: 15 Min.
Ort: Raum, Außengelände
Material: je Paar ein Zeitungsblatt und 4 Wäscheklammern
Schwerpunkt: Führen – sich führen lassen, Fremdwahrnehmung
Charakteristik: achtsamkeitsfördernd
Positionierung: thematischer Einstieg

Wie geht's?

Die Teilnehmer finden sich zu Paaren zusammen. Jedem Paar stellt die Moderatorin ein Zeitungsblatt und 4 Wäscheklammern zur Verfügung. Das Zeitungsblatt wird mit Hilfe der Klammern zwischen den Partnern seitlich an der Kleidung befestigt. Einer von beiden Partnern übernimmt nun die Aufgabe, den anderen Partner nonverbal durch den Raum/durch das Gelände zu führen. Über die Verbindung mit dem Zeitungsblatt nimmt der geführte Partner die Richtung wahr. Der Führende muss sein Tempo so dosieren, dass die Verbindung sich nicht löst.

Nach einer ca. 2-minütigen Eingewöhnung bittet die Moderatorin die geführten Partner, die Augen zu schließen und die Führenden, dies zu berücksichtigen. In einem Außengelände mit unterschiedlichen Bodenbelägen bzw. einem geformten Gelände wird die Aufgabe noch spannender. Nach ca. 5 Minuten tauschen sich die Partner über ihre Erfahrungen aus und wechseln anschließend die Rollen.

Variationen

- Natürlich lässt sich das Führen und Geführtwerden in der klassischen Form auch mit Handfassung durchführen.
- Die Moderatorin bereitet mit Stühlen und anderen kleinen Hindernissen einen Parcours vor, den die Paare bewältigen müssen.

Was kommt heraus?

Die Partner werden jeweils mit der Rolle des Führenden und mit der des Geführten vertraut. In der Übung können sie sich in beide Positionen einfühlen und diese auch im Gespräch mit dem jeweiligen Partner reflektieren. Die Verbindung über das Zeitungsblatt hat den Vorteil, dass einerseits ein gewisser Abstand vorhanden ist, aber auch sofort deutlich wird, wenn der Kontakt abreißt. Dies bedeutet ein unmittelbar erlebbares Feedback, das sofort aufgegriffen werden kann.

Wozu?

Die Aufgabe fordert und fördert gegenseitiges Vertrauen. Um in Kontakt zu bleiben, ist eine gute Wahrnehmung des Partners hilfreich. Es wird deutlich, dass „Führen und sich führen lassen" dann gut gelingt, wenn „die Verbindung" stimmt, die Führenden eindeutige Impulse geben, aber auch achtsam vorgehen. Auch auf den Geführten kommt es an, denn dieser muss bereit sein, Impulse wahrzunehmen und aufzugreifen.

Ohne Worte

Teilnehmerzahl: 4–40
Organisationsform: Gruppenarbeit
Zeitrahmen: 15 Min.
Ort: Raum
Material: 15–20 Zollstöcke je Gruppe, Karteikarten, Stifte
Schwerpunkt: Zielfindung, Prozessverständnis
Charakteristik: konzentriert
Positionierung: Workshop-Ende, Feedback-Runde

Wie geht's?

In der Aufgabe geht es darum, in der Gruppe sukzessive einen sinnvollen Aussagesatz zu entwickeln. Entgegen sonstiger Gewohnheiten soll die Gruppe aber nicht über die Botschaft sprechen – vor und während des Prozesses sollen keine Wörter und Sätze, die mit der Botschaft zusammenhängen, gesprochen werden.

Hierzu bittet die Moderatorin die Teilnehmerinnen, diesen Aussagesatz buchstabenweise zu entwickeln. Die Teilnehmerinnen nutzen die bereitliegenden Zollstöcke. Nach Aufforderung oder nach persönlichem Impuls formt die erste Teilnehmerin mit ihrem Zollstock den ersten Buchstaben des ersten Wortes und legt diese Form auf den Boden. An diesen Buchstaben müssen die anderen anknüpfen, indem sie weitere Buchstaben dazulegen, bis ein sinnvolles Wort und später der gesamte Satz erscheint. Für das Anlegen der Zollstockbuchstaben wird keine Reihenfolge festgelegt, d. h. wer seinen Folgebuchstaben zuerst fertig geformt bzw. eine Idee für die Vervollständigung des Wortes hat, darf legen. Das entstehende Wort kann sich durchaus von dem ursprünglich gemeinten unterscheiden.

Nachdem der Aussagesatz fertig vorliegt, bittet die Moderatorin die Teilnehmerinnen, den Prozess und das Ergebnis zu kommentieren.

Was kommt heraus?

Für die Teilnehmerinnen ist es ungewohnt, dass bei der Begriffsuche nicht gesprochen wird. So werden auch diejenigen aktiviert, die sich ansonsten verbal nicht einbringen bzw. durchsetzen. Von den Einzelnen wird gefordert, flexibel und kreativ zu sein, indem sie sich auf eine neue Lösung einlassen und an ihr mitwirken.

Wozu?

Die Teilnehmerinnen nehmen wahr, dass es auch nonverbale Einflüsse in der Prozessentwicklung gibt. Flexibilität und Kreativität helfen, nicht in den eigenen Mustern zu verharren und eine gemeinsame Lösung zu finden.

Zeitungsbalance

Teilnehmerzahl: 4–40
Organisationsform: Einzelarbeit
Zeitrahmen: 5–10 Min., mit Themenbezug entsprechend länger
Ort: Raum
Material: pro Person ein Zeitungsblatt / Variation: ein DIN-A3-Blatt und Stift
Schwerpunkt: Konzentration, Problemlösung, Kreativitätsförderung
Charakteristik: konzentriert, motivierend
Positionierung: aktive Pause

Wie geht's?

Die Moderatorin stellt einige Zeitungen bereit. Jede Teilnehmerin erhält ein Zeitungsblatt / Zeitungsdoppelblatt und erhebt sich von ihrem Stuhl. Nun erhalten alle die Aufgabe, dieses Blatt zu balancieren. Die Teilnehmerinnen probieren verschiedene Möglichkeiten aus. Nach einigen Versuchen demonstriert die Moderatorin eine mögliche Technik. Hierzu wird das Blatt zwischen Zeigefinder und Daumen an einer Ecke festgehalten, sodass es aufrecht balanciert werden kann. Dazu muss auf der Diagonalen der Zeitung Spannung entstehen, die durch eine S-förmige Biegung des Zeitungspapiers erzeugt werden kann. Die Teilnehmerinnen benötigen nun ein paar Minuten zum Experimentieren mit der angebotenen Lösung.

Der Schwierigkeitsgrad kann erhöht werden, indem die Zeitungsecke mit der flachen Hand oder in der Fortbewegung balanciert wird. Zusätzlich lässt sich ein kleiner „Wettkampf" ansetzen, bei dem sich die Teilnehmer gegenseitig mit ein wenig Puste die Zeitung wegblasen.

Variation mit Themenbezug

Die Teilnehmerinnen schreiben ein These/ein Ergebnis auf ein DIN-A3-Blatt. Alle balancieren ihr Blatt, indem sie es an einer Ecke so zwischen Zeigefinger und Daumen festhalten, dass das Blatt Spannung erhält und balanciert werden kann. Während der Balance können auch andere Thesen gelesen und mit Partnern besprochen werden.

Was kommt heraus?

Nach langem Sitzen, Reden und Zuhören kommt der Workshop/das Meeting in Bewegung. Jede konzentriert sich auf sich und ihren Gegenstand und versucht ihn in Balance zu bringen. Die Aufgabe sorgt für Wachheit, lockert Muskulatur und Stimmung und eröffnet andere Perspektiven zu den Teilnehmern. Kommunikation über die Lösungen oder die Themen auf dem Zeitungsblatt (Sport, Kultur, Lokales, …) entsteht von selbst.

Wozu?

Selbst im Gleichgewicht zu sein und die Dinge ins Gleichgewicht zu bringen ist eine tägliche Herausforderung. Hier wird mit dem Zeitungsblatt ein Alltagsgegenstand balanciert und die eigene Experimentierfreude sorgt für die verblüffende Lösung. Außerdem ist es eine interessante Erfahrung, wenn ein Alltagsgegenstand auf unerwartete Art verwendet wird (wer denkt schon, dass sich ein Zeitungsblatt balancieren lässt?).

Zeitungsexperiment

Teilnehmerzahl: 4–40
Organisationsform: Einzelarbeit, Partnerarbeit
Zeitrahmen: 5 Min.
Ort: Raum, Außengelände
Material: Zeitungen
Schwerpunkt: Problemlösung
Charakteristik: lebhaft, aktivierend
Positionierung: aktive Pause

Wie geht's?

In dieser Übung finden sich zwei Partner zu einem Team zusammen. Jedes Team erhält vom Moderator ein Zeitungsblatt/Zeitungsdoppelblatt (sowie einige Reserveblätter) und sucht sich eine freie Fläche im Raum.
Ein Teilnehmer stellt sich auf die Zeitung, der Partner hockt oder setzt sich daneben. Der erste Teilnehmer springt nun in die Höhe. Gleichzeitig zieht der Partner die Zeitung weg, bevor die Landung erfolgt. Dies erfordert einige Koordination. Wird die Übung zu einfach, schließt der Partner, der die Zeitung zieht, die Augen und handelt auf Zuruf. Anschließend werden die Rollen gewechselt.

Variationen

- Jeder Teilnehmer erhält vom Moderator ein Zeitungsblatt/Zeitungsdoppelblatt und sucht sich eine freie Fläche im Raum. Er legt die Zeitung auf den Boden und stellt sich darauf. Nun gibt der Moderator folgende Aufgabe: „Versuchen Sie bitte so hoch zu hüpfen, dass Sie dabei das Zeitungsblatt möglichst unbeschädigt unter ihren Füßen wegziehen können." Jetzt suchen die Teilnehmer nach Lösungen. Die Größe der Zeitung darf durch Falten des Blatts variiert werden.
- Eine Teilnehmerin zieht zwei Zeitungsblätter gleichzeitig weg. Ihre Partner stehen neben ihr auf der Zeitung.

Was kommt heraus?

Die Teilnehmer können sich in dem kleinen motorischen Experiment aktivieren. Sie suchen nach Lösungen und bestimmen den Schwierigkeitsgrad der Aufgabe mit. Sie haben Freude am Misslingen und Gelingen und suchen im Gespräch nach passenden Alternativen. Durch die unmittelbar wahrnehmbaren Folgen – die Zeitung reißt; die Zeitung ist nicht rechtzeitig entfernt; alles hat geklappt – ergibt sich ein direktes Feedback.

Wozu?

Für das Gelingen der Aufgabe ist die exakte Abstimmung von zwei Handlungen nötig. Wird eine der beiden Handlungen zu früh bzw. zu spät durchgeführt, gelingt sie nicht. Gerade in der Partnerarbeit wird die gegenseitige Abhängigkeit wahrgenommen. Dies führt zu der Einsicht, dass koordiniertes Vorgehen in der Interaktion eine wesentliche Voraussetzung für das Gelingen betrieblicher Prozesse darstellt.

Der richtige Weg

Teilnehmerzahl: 4 – 25
Organisationsform: Gruppenarbeit
Zeitrahmen: 15 – 30 Min.
Ort: Raum
Material: 16 Teppichfliesen, alternativ Softfrisbees, Post-it®
Schwerpunkt: Teambuilding, Kooperation, Problemlösung in der Gruppe,
Konzentration
Charakteristik: motivierend, konzentriert
Positionierung: aktive Pause, thematische Vertiefung

Wie geht's?

Die Moderatorin bildet zwei Gruppen, die möglichst gleich groß sind. Eine Gruppe A verlässt kurz den Raum bzw. schließt die Augen. Die andere Gruppe B legt die Teppichfliesen in so geringem Abstand auf den Boden, dass mit kleinen Schritten einige Fliesen erreichbar sind. Nun werden von der Gruppe B unter 6 von 16 Frisbees Post-its® geklebt, so dass diese nicht sichtbar sind. Die Gruppe merkt sich die markierten Fliesen.

Nun kommt die Gruppe A wieder zurück in den Raum bzw. öffnet die Augen. Sie erhält die Aufgabe, die markierten Fliesen von 1–6 zu finden. Dazu tritt ein Teilnehmer auf ein Fliese und erhält von der Gruppe B die Rückmeldung (z. B. ein Zeichen oder ein Signal), ob es die richtige Fliese ist. In diesem Fall darf er einen zweiten Schritt machen und so fort. Sobald er auf eine „falsche" Fliese tritt, teilt die Gruppe B durch ein anderes Signal den Fehler mit. Der bisher aktive Teilnehmer wird von einem anderen Mitglied der Gruppe A abgelöst. Dieser beginnt wieder am Startpunkt und setzt den Weg über den bereits gefundenen Weg fort. Nach jedem erfolglosen Versuch wechselt die Aktivität zum nächsten Gruppenmitglied. Die Gruppenmitglieder können sich durch Zuruf gegenseitig unterstützen. Die Versuche der Gruppe bis zum Ziel werden gezählt oder die Zeit bis zur Lösung wird genommen. Das Ziel ist erreicht, wenn ein Gruppenmitglied alle markierten Fliesen und in einem „Gang" ohne einen „Fehltritt" abgeschritten hat.

Anschließend wechseln die Gruppen die Aufgaben: Nun verlässt Gruppe B den Raum und Gruppe A legt einen Parcours.

Variationen

- Die Gruppenmitglieder dürfen sich ausschließlich nonverbal helfen.
- Die Fliesen werden nicht mit Post-Its® markiert, sondern es gibt eine Vorlage mit 16 Rechtecken, in die die Zahlenfolge geschrieben wird.
- Es soll nicht nur die „richtige" Fliese, sondern auch eine zuvor festgelegte Reihenfolge (Nr. 1–6) eingehalten werden. Es werden drei verschiedene Feed-

back-Geräusche vereinbart: eins für eine „falsche" Fliese, ein weiteres für eine „richtige" Fliese und falsche Zahl und ein drittes für eine „richtige" Fliese und „richtige" Zahl – also jene, die in der Reihenfolge als Nächste zu finden war.

Was kommt heraus?

Die Teilnehmer suchen aufmerksam nach der richtigen Lösung. Sie konzentrieren sich darauf, sich den richtigen Weg und die „Fehltritte" zu merken. Sie unterstützen sich in der Gruppe und kooperieren im Team (verbal oder nonverbal). „Fehltritte" werden als hilfreich erlebt, weil sie dazu verhelfen, den richtigen Weg zu finden.

Wozu?

Die Gruppen erfahren, dass es bis zum Ziel viele kleine Schritte und manche Fehltritte geben kann. Ein gute Kooperation und Aufmerksamkeit führen schnell zum Erreichen des gemeinsamen Ziels. Zudem wächst die Erkenntnis, dass man aus Fehlern lernen kann.

Indoor-Bumerang

Teilnehmerzahl: 10 – 40
Organisationsform: *Einzelarbeit, Partnerarbeit*
Zeitrahmen: *15 Min.*
Ort: *Raum*
Material: *je Teilnehmer ein Partyteller aus Papier (auch als „Pappteller" bezeich-net), eine Papierschere und ein Filzschreiber*
Schwerpunkt: *Kennenlernen, Kommunikation*
Charakteristik: *motivierend, aktivierend*
Positionierung: *Workshopstart, abschließende Reflexion zum Ende einer The-mensequenz*

Wie geht's?

Jeder Teilnehmer erhält einen Partyteller und eine Papierschere. Die Moderatorin fordert dazu auf, aus dem Partyteller ein Kreuz mit 4 gleich langen Armen auszu-schneiden (siehe Foto rechts). Die 4 Enden sollen ca. 3 cm breit sein. So entsteht der „Indoor-Bumerang". Weil die Schneidelinien nicht jedem unmittelbar ersicht-lich sind, sollte die Moderatorin das Zuschneiden praktisch demonstrieren. Auf einen Arm des Bumerangs wird der eigene Name geschrieben. Die weiteren Arme können für die Dokumentation der wichtigsten Erwartung an den Workshop, für ein persönliches Hobby oder auch für die persönlich wichtigste Erkenntnis zum Ende einer Themensequenz genutzt werden.

Nun wird der fertige Bumerang so an einem Ende angefasst, dass er gerade weg-geworfen werden kann. Es wird ein wenig experimentiert, bis der Bumerang sich so dreht, dass er wieder zu seinem Werfer zurückfliegt. Alle werfen durcheinander, bis auf ein Zeichen hin jeder einen anderen Bumerang aufhebt und seinem Besit-zer zurückbringt. Die beiden Teilnehmer unterhalten sich kurz über den Eintrag auf dem Bumerang. Dabei ist zu beachten, dass kleine Wartezeiten entstehen können, bis der eigene Adressat „frei" ist.

Sobald alle ihren kurzen Austausch abgeschlossen haben, wird neu geworfen. Ins-gesamt sind 2 – 3 Wiederholungen empfehlenswert.

Was kommt heraus?

Die Teilnehmer kommen in Kontakt und lernen einander näher kennen. Sie sitzen dabei nicht auf ihren Plätzen, sondern bewegen sich im Raum und experimentie-ren mit dem einfachen, faszinierenden Bumerang.

Wozu?

Verbesserung der Gruppendynamik

Hausbau

Teilnehmerzahl: 4 – 25
Organisationsform: Gruppenarbeit, Plenum
Zeitrahmen: 15 – 30 Min.
Ort: Raum, Außengelände
Material: Je Teilnehmer mindestens eine Zeitung, mehrere Zollstöcke, 10 Wäsche-
klammern, eine Rolle Klebeband
Schwerpunkt: Prozessverständnis, Teambuilding, Kooperation, Problemlösung in
der Gruppe,
Charakteristik: ruhig, achtsamkeitsfördernd
Positionierung: aktive Pause, Workshop/Seminarende, methodische Ergänzung

Wie geht's?

Die Seminarleiterin bittet die Teilnehmerinnen, sich in Gruppen von 8 maximal 10
Personen zusammenzufinden. Sie erhalten nun den Auftrag gemeinsam ein möglichst frei stehendes „Haus" zu bauen und erhalten dafür Zollstöcke, Zeitungen,
Wäscheklammern und eine Rolle Klebeband. Sie sollen versuchen, das Haus so
mit diesem Material zu bauen, dass die ganze Bau-Gruppe hineinpasst. Natürlich
hängt die Größe des Hauses auch vom ausgehändigten Material ab. Im Außengelände (z. B. auf einer Wiese) stehen die Zollstöcke stabiler als auf einem glatten
Boden, dafür kann der Wind beim Bau für Herausforderungen sorgen.

Was kommt heraus?

Das Material ist für den Hausbau ausreichend und dabei allerdings so fragil, dass
es zu größerer Vorsicht und Genauigkeit auffordert. Im Bauprozess wird jede bau-
ende und stützende Hand gebraucht, so dass die Kooperation der Gruppe eine
Grundvoraussetzung für das Gelingen des Bauwerkes ist.

Wozu?

Das Gelingen der Gruppenaufgabe ist möglich, aber nicht trivial. Von den vielfältigen Lösungsmöglichkeiten muss die Gruppe sich für eine entscheiden und diese
gemeinsam umsetzen. Aus diesem Grund liefert das Erfolgserlebnis einen spürba-
ren Beitrag zum Teambuilding.

Wer führt wen?

Teilnehmerzahl: 4 – 40
Organisationsform: Partnerarbeit
Zeitrahmen: 10 – 20 Min.
Ort: Raum, Außengelände
Material: Je Paar einen Zollstock, alternativ einen Gymnastikreifen
Schwerpunkte: Fremdwahrnehmung, Führen – sich Führen lassen
Charakteristik: achtsamkeitsfördernd, kommunikativ
Positionierung: thematische Vertiefung

Wie geht's?

„Führen" und „sich Führen lassen" scheinen in Unternehmen durch die Positionen eindeutig geregelt zu sein. Im Alltag erleben wir jedoch immer wieder, dass es diese Eindeutigkeit der Rollen selten gibt und der Führungsstil sowie die Beziehung zwischen zwei Menschen starken Einfluss haben.

Die folgende Aufgabe schafft einen guten Anlass, über diesen Zusammenhang ins Gespräch zu finden. Zunächst finden sich die Teilnehmerinnen zu Paaren zusammen. Jedes Paar erhält einen Zollstock und formt daraus einen „Reifen". Nun erhält eine Partnerin die Aufgabe, den Reifen so zu halten, dass sich die andere Partnerin innerhalb des in Bauchhöhe gehaltenen Reifens befindet. Die Partnerin, die den Reifen hält, soll nun ohne zu sprechen ihre Partnerin im Raum führen und zwar so, dass die Partnerin im Reifens diesen nicht berührt. Nach drei bis fünf Minuten werden die Rollen gewechselt. Anschließend tauschen sich die Partnerinnen über die Übung aus. Sie erhalten von der Moderatorin noch den Hinweis zu überlegen, wer tatsächlich die Führung übernommen hat. Diese Erfahrungen können zusätzlich in der großen Gruppe aufgenommen werden. Nicht selten übernehmen die Partnerinnen im Reifen die Führung, indem sie loslaufen und der „Führende" folgt.

Die Übung könnte nach einem Gespräch noch einmal wiederholt werden, indem die Führende z. B. den Auftrag erhält, ihre Rolle eindeutig wahrzunehmen.

Was kommt heraus?

Während der Übung nehmen die Führende und die Geführte in einer nonverbalen, spielerischen Situation die gegenseitige Abhängigkeit wahr. Es kann durchaus sein, dass diejenige, die den Führungsauftrag hat, diesen (unbewusst) abgibt und hinter ihrer Partnerin herläuft. Es könnte auch sein, dass die Führende sehr eindeutig führt und die Bedürfnisse und Impulse der Partnerin wenig Raum erhalten. Beides bietet einen guten Gesprächsanlass über die eigene Rolle.

Wozu?

Führungskräfte und Mitarbeiter werden sich ihrer eigenen Rolle bewusst und nehmen wahr, dass sie zusammenwirken müssen. Führen und Geführtwerden, wird als ein dialogischer Prozess erlebt, der nicht immer nur verbal und eindeutig abläuft. Dies kann zu einer besseren Zusammenarbeit im Alltag führen.

Wohnungswechsel

Teilnehmerzahl: 10 – 25
Organisationsform: Plenum
Zeitrahmen: 15 – 20 Min.
Ort: Raum
Material: zwei Teppichfliesen mehr als Teilnehmer
Schwerpunkt: Teambuilding, Kooperation, Problemlösung in der Gruppe
Charakteristik: lebhaft, motivierend, aktivierend
Positionierung: Thematischer Einstieg, aktive Pause

Wie geht's?

Die Moderatorin verteilt die Teppichfliesen so kreuz und quer auf einer Freifläche, dass der Abstand zwischen den Fliesen ca. eine halbe Schrittlänge beträgt. Nun erhalten die Teilnehmer den Auftrag, sich jeweils auf eine Fliese zu stellen. Zusätzlich bleibt eine Fliese – bei Gruppen ab 20 Personen bleiben zwei Fliesen – unbesetzt. Haben alle einen Platz gefunden, wird die Spielregel erklärt. Alle Mitspieler haben das Ziel, möglichst viele Häuser (Fliesen) zu „besetzen". Es darf aber immer nur ein naheliegendes und freies Haus betreten werden. Auch darf immer nur ein Teilnehmer auf einer freien Fliese stehen. Sobald einer sein Haus verlässt, wird ein neues frei und wieder ist ein Wechsel möglich. Bevor die Teilnehmer starten, merken sie sich ihren Ausgangspunkt.

Nach ein paar Minuten des Spiels unterbricht die Moderatorin und bittet die Teilnehmer, in dem aktuellen Haus stehen zu bleiben. Nun erhalten sie den Auftrag, nach den gleichen Regeln ins eigene Haus zurückzukommen. D. h. nur freie, naheliegende Häuser dürfen betreten werden. Das Ziel ist dann erreicht, wenn alle wieder in ihrem Ursprungshaus sind.

Was kommt heraus?

Zunächst aktiviert das Spiel die Teilnehmer und sorgt für Bewegung und Spaß. Im zweiten Teil der Aufgabe muss die Gruppe Absprachen treffen, um die Aufgabe zu lösen. Vermutlich wird es einige Teilnehmer geben, die schnell ihr Haus erreicht haben und meinen, sie müssten sich nicht mehr bewegen. Die anderen kommen aber nur dann zum Ziel, wenn auch diese sich nochmals bewegen, um auf Umwegen dann wieder zum eigenen Haus zurückzukommen.

Wozu?

Die Teilnehmer begegnen sich im Spiel anders als in einem klassischen Seminar. Sie erfahren, dass für die Lösung der Aufgabe bzw. für das Erreichen des großen Ziels die Teilziele nicht ausreichen. Der Einzelne muss beweglich bleiben, so dass auch die anderen ihre Ziele erreichen können. Erst dann ist das große, gemeinsame Ziel erreichbar.

MiniMat – Minimaler Materialaufwand

Für kleine Unterbrechungen, aktive Pausen oder methodische Ergänzungen wird häufig ein großer Materialaufwand gescheut. Mit dem Inventar und den Standardmaterialien (Moderationskarten, Stifte, Klebeband, etc.), die wir in vielen Seminarräumen vorfinden, können die Moderatoren eine Vielzahl reizvoller Angebote einbringen. Ergänzt werden diese vorhandenen Materialien durch ein paar einfache Spielmaterialien wie Luftballons, Tischtennisbälle oder durch ein Kartenspiel.

Die heiße Kartoffel

Teilnehmerzahl: 8 – 25
Organisationsform: Plenum
Zeitrahmen: 5 – 10 Min.
Ort: Raum, Außengelände
Material: Luftballons oder Bälle, die für jeden Teilnehmer zu werfen und zu fangen sind
Schwerpunkt: Fremdwahrnehmung, Prozessverständnis
Charakteristik: lebhaft, motivierend
Positionierung: Workshopstart

Wie geht's?

Die Moderatorin bittet die Teilnehmerinnen, sich auf einer Freifläche im Kreis aufzustellen und den Namen der rechten Nachbarin zu erfragen. Die Moderatorin befindet sich auch in diesem Kreis und reicht ihrer rechten Nachbarin einen Luftballon (Ball) mit der deutlichen Ansage „Name (Anne, Frau Schmitz), eine heiße Kartoffel". Auf diese Weise wird der Luftballon im Kreis weitergereicht, so dass alle Teilnehmerinnen alle Namen einmal hören. Nun gibt die Moderatorin den Teilnehmerinnen den Auftrag, sich frei im Raum zu bewegen, die „heiße Kartoffel" wird aber in der gleichen Reihenfolge weitergereicht. Wenn also Frau Schmitz ihren Namen hört, macht sie sich bemerkbar, um von ihrer Nachbarin den Luftballon zu erhalten. Interessant wird es, wenn die Moderatorin die Zahl der Luftballons/Bälle erhöht und so mehrere Teilnehmerinnen ihre Partnerinnen rufen und suchen.

Variationen

- Die Teilnehmerinnen haben bei der Kreisaufstellung die Namen ihrer linken und rechten Nachbarn erfragt. Es beginnt dann wie oben, aber auf Zuruf der Moderatorin erfolgt ein Richtungswechsel.
- Es werden Gegenstände gewählt und weitergereicht, die in Bezug zu den Tätigkeiten der Teilnehmer stehen, wie z. B. „ein wichtiger Brief", „ein bunter Radiergummi", ...

Was kommt heraus?

Die Teilnehmerinnen hören alle Namen und merken sich mindestens einen oder zwei davon. Sie kommen in Bewegung und erleben zu Beginn der Veranstaltung eine lockere Atmosphäre. Obwohl die Aufgabe und der Ablauf klar strukturiert sind, wirkt diese Form für Außenstehende etwas chaotisch, da alle durcheinander laufen und rufen.

Wozu?

Die Aufgabe, die hier zur Begrüßung gewählt wurde, wäre auch geeignet, um deutlich zu machen, dass es in scheinbar chaotischen Abläufen nicht selten erkennbare Strukturen geben kann.

Die „blinde" Mini-Golfspielerin

Teilnehmerzahl: 4–24
Organisationsform: *Partnerinnenarbeit*
Zeitrahmen: 20–30 Min.
Ort: *Raum, Außengelände*
Material: *Tischtennisbälle, Tennisbälle oder Golfbälle, Stühle, Tische, Stifte*
Schwerpunkt: *Führen und führen lassen, Kommunikation mit einer „blinden"*
Partnerin
Charakteristik: *ruhig, konzentriert*
Positionierung: *thematischer Einstieg in das Thema „Führen"*

Wie geht's?

Die Moderatorin gibt den Teilnehmerinnen zunächst den Auftrag, sich jeweils eine Partnerin zu suchen. Sie erklärt, dass eine von beiden die Augen mit einer Augenbinde verbunden bekommt bzw. die Augen schließt. Sie ist die „blinde" Mini-Golfspielerin, die später von ihrer Partnerin zu verschiedenen Stationen begleitet wird, um dort von einem festgelegten Ausgangspunkt aus nach der Beschreibung der Partnerin einen Ball (Tischtennisball, Tennisball) in möglichst wenigen Versuchen zu einem vorher festgelegten Ziel (z. B. unter einen Stuhl, einen Tisch, auf ein Blatt Papier) zu rollen. Dieses Ziel ist Teil eines Parcours'.

Zuerst wird jedes einzelne Ziel von einem Tandem entwickelt, unter Verwendung der im Raum befindlichen Materialien. Dieses Ziel (= Station) wird kurz erprobt und anschließend allen Teilnehmerinnen vorgestellt. Alternativ hat die Moderatorin vor der Aufgabe einige Stationen vorbereitet. Stehen alle Stationen bereit und sind ausreichend erklärt, erhalten die Paare die Aufgabe, den Parcours über alle Stationen wie bei einer Minigolfbahn mit möglichst wenigen Versuchen zu bewältigen. Die sehende Partnerin führt die blinde Partnerin zum jeweiligen Ausgangspunkt, von dem aus die „Blinde" den Ball rollt. Die Sehende führt ihre Partnerin zu der Stelle, an der der Ball liegengeblieben ist und erteilt ihr eine neue Anweisung. Wie beim Minigolf sollte eine maximale Versuchszahl pro Station festgelegt werden. Nach Absolvieren des Parcours' (eventuell auch bereits nach der Hälfte der Stationen) werden die Rollen gewechselt.

Im Anschluss reflektieren die Teilnehmerinnen ihre Erfahrungen bei der Formulierung bzw. Entgegennahme verbaler Anweisungen. Sie thematisieren ihre Erfahrungen mit dem Perspektivenwechsel von der Führenden zur Geführten und umgekehrt.

Variationen

- Die Komplexität der Aufgabe lässt sich steigern, wenn kleine Hindernisse (Stifte, Zollstöcke etc.) im Weg stehen/liegen, die umrundet oder überwunden werden müssen, bevor das Ziel erreicht wird.

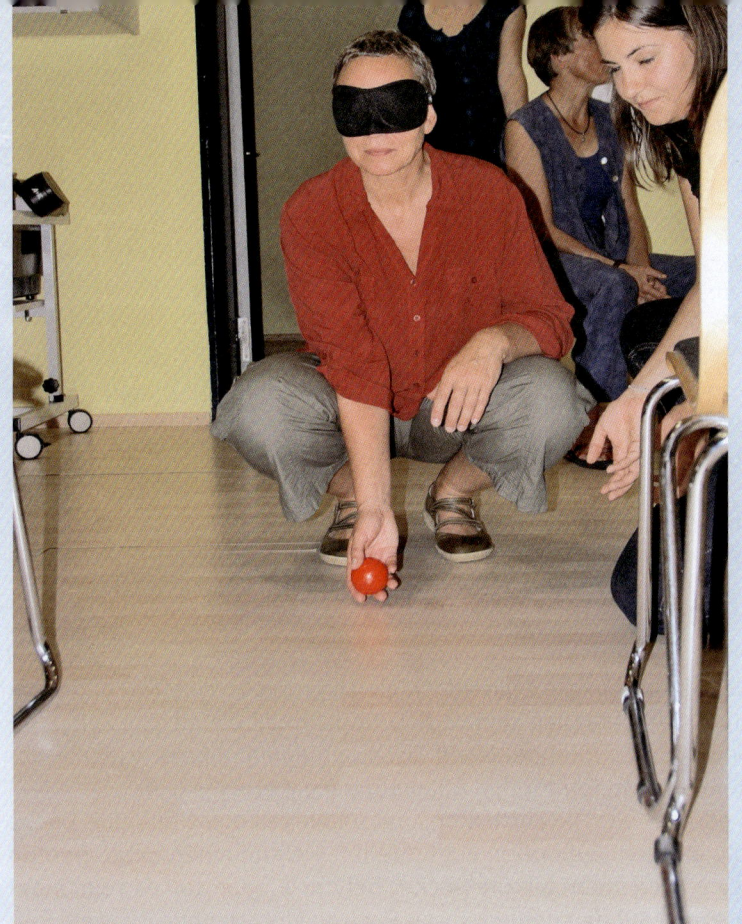

- Die Aufgabe lässt sich bei gutem Wetter mit einem Tennis- oder Golfball auf einer Wiese umsetzen. Hier werden vorhandene Gegenstände oder Naturmaterialien zum Stationenbau verwendet. Der Ball könnte dann auch geworfen statt lediglich gerollt werden.

Was kommt heraus?

Es wird deutlich, wie schwierig es ist, eine verbale Anweisung umzusetzen, wenn die visuelle Wahrnehmung nicht zur Verfügung steht. Es bedarf intensiver Kommunikation, um die Aufgaben zu lösen. Der Geführte muss auf die genaue Anweisung des Führenden vertrauen können.

Wozu?

Die beiden Perspektiven „Führen" und „Geführt werden" werden in ihrer gegenseitigen Abhängigkeit erfahren. Führende übernehmen Verantwortung, müssen klar in ihren Anweisungen sein und benötigen das Vertrauen der Geführten. Die Geführten müssen ihrerseits Vertrauen in die Führung setzen und die Führungsrolle akzeptieren. Diese Einsichten können in den Arbeitsalltag transferiert werden.

Die Ballon-Wette

Teilnehmerzahl: 4–25
Organisationsform: Gruppenarbeit
Zeitrahmen: 15 Min.
Ort: Raum
Material: ca. 10–20 Luftballons je Gruppe, eine Ballon-Luftpumpe, stabile Tische,
Decken oder Tischtücher
Schwerpunkt: Problemlösung in der Gruppe, Risikoeinschätzung und Risiko-
bereitschaft
Charakteristik: motivierend, aktivierend
Positionierung: aktive Pause, thematischer Einstieg

Wie geht's?

Zunächst bittet der Moderator die Teilnehmer, gleich große Gruppen zu bilden. In einer Gruppe sollten 5–8 Personen sein. Jede Gruppe erhält die gleiche Zahl Luftballons, evtl. eine Ballon-Luftpumpe, einen Tisch und eine Decke bzw. ein Tischtuch. Nun beschreibt der Moderator den Ablauf und die Wette:

> „Pusten oder pumpen Sie die Luftballons auf und legen diese auf eine Decke (Tischtuch), die auf dem Fußboden liegt. Stellen Sie nun einen umgedrehten Tisch (Tischbeine nach oben) auf die Decke. Ziel der Gruppe soll es sein, möglichst viele Personen auf den umgedrehten Tisch zu stellen, ohne dass ein Ballon platzt."

Bevor die Aufgabe umgesetzt wird, einigt sich die Gruppe und nennt dem Moderator die Personenzahl.

Nun bereitet jede Gruppe das Experiment vor. Bei der Durchführung beginnt die Gruppe mit der kleinsten Personenzahl und es endet die mit der größten Personenzahl. Eine Person hält zwei Tischbeine und stabilisiert so den Tisch gegen starkes Wackeln. In einem möglichen zweiten Durchgang darf jede Gruppe eine neue Wette eingehen – evtl. geplatzte Ballons werden nicht ersetzt.

Variation

- Es gibt nur eine Gruppe und es wird ein Tisch wie oben beschrieben vorbereitet. Jetzt gibt jeder einzelne Teilnehmer seine Wette ab. Nun darf sich jeder Teilnehmer, der möchte, auf den Tisch stellen. Anschließend wird die Zahl langsam gesteigert, bis der erste Ballon oder auch mehrere Ballons platzen.

Was kommt heraus?

Die Gruppe diskutiert, auf welche Personenzahl sie sich festlegen will, und es muss zur Einigung kommen. Hier werden die Risikofreude und Lust, für den eigenen Vorschlag zu streiten, deutlich. Nun wird das Experiment gemeinsam vor-

bereitet. Es kann überlegt werden, wie stark die Ballons aufgepumpt und wie sie unter dem Tisch platziert werden. Es müssen sich Freiwillige finden, die auf den wackeligen Tisch steigen. Natürlich ist es auch spannend zu reflektieren, wie die Gruppenmitglieder auf die richtige oder falsche Wette reagieren.

Wozu?
Die Gruppe lernt, dass es unterschiedliche Einschätzungen zur gleichen Frage-stellungen geben kann und die Risikobereitschaft individuell unterschiedlich ist. Trotzdem müssen sich alle Teilnehmer auf eine gemeinsame Zahl einigen. Der Ein-zelne lernt sich in der Gruppe zurückzunehmen oder durchzusetzen. Die Gruppe kann mit Hilfe des Moderators reflektieren, wie der Entscheidungsprozess verlief.

Themenballon

Teilnehmerzahl: 4−25
Organisationsform: zunächst Einzel-, dann Partner oder Gruppenarbeit
Zeitrahmen: 15−30 Min.
Ort: Raum mit Freifläche
Material: 1 Luftballon und 1 Stift je Teilnehmer, Ersatzluftballons, evtl. Pumpe für Ballons
Schwerpunkt: Selbst- und Fremdwahrnehmung, Dialog
Charakteristik: aktivierend
Positionierung: thematische Vertiefung, auch als Einstieg möglich

Wie geht's?

Im Workshop werden zu einem Thema zentrale Begriffe erarbeitet (z. B. in einem Brainstorming zu einer Fragestellung), wobei die Stichworte anschließend zusammengefasst / priorisiert werden, um die zentralen Begriffe zu entwickeln.

So könnte über Begriffe wie „Kooperation", „Verantwortung", „Stressmanagement", „Dialog" ... weiter diskutiert werden.

Der Moderator hat vor der Veranstaltung Luftballons entsprechend der Teilnehmerzahl aufgepumpt. Eine kurze Pause nutzt er, um mit dem Kugelschreiber / Edding jeden der erarbeiteten Begriffe auf 2−4 Ballons zu schreiben (pro Ballon ein Begriff). Es kann sein, dass nicht jeder Begriff gleich häufig auf Ballons notiert wird.

Nun erhält jeder Teilnehmer einen Ballon und sucht sich einen Platz im freien Raum. Die Ballons werden zunächst von jedem Einzelnen in der Luft gehalten und mit verschiedenen Körperteilen gespielt (ggf. musikalisch untermalt). Dann setzen sich alle Teilnehmer im Raum in Bewegung und spielen sich die Ballons zu, so dass diese Ballons immer weiter wandern. Auf ein Zeichen wird ein Ballon festgehalten. Die Paare/Gruppen mit dem gleichen Begriff finden sich zusammen und tauschen sich zu dem Begriff aus. Eine der folgenden Leitfragen könnte beispielsweise genutzt werden (abhängig vom Workshop-Thema und der vorausgegangenen Stichwortsammlung):

- Was verbinden wir in unserer täglichen Arbeit mit diesem Begriff?
- Welchen Wert messen wir diesem Begriff bei?
- Welche Rolle soll dieser Begriff zukünftig für unser Team spielen?

Ihre Ergebnisse notieren die Teilnehmer auf Moderationskärtchen. Diese werden später vorgestellt, diskutiert und ausgewertet.
Die Aufgabe wird ggf. noch 1−2 Mal wiederholt.

Variationen

- Die Luftballons sind nach verschiedenen Farben sortiert. Jeder Teilnehmer erhält einen Ballon und einen Stift. Nun pusten/pumpen die Teilnehmer ihre Ballons selbst auf und fassen ihre persönliche Antwort auf eine gestellte Frage in einem Begriff zusammen.
- Wie oben beschrieben, spielen sie mit ihrem Ballon. Auf ein Zeichen des Moderators hin finden sie sich nach Farben zusammen und stellen sich gegenseitig ihre persönlichen Begriffe vor.

Was kommt heraus?

Die Aufgabe sorgt für Aktivierung und neue Aufmerksamkeit für das Thema. Der Dialog mit wechselnden Teilnehmern der Gruppe zu vorgegebenen Themen/Stichworten ermöglicht eine Vertiefung des Themas.

Wozu?

Nach dem Zufallsprinzip entsteht Kontakt zu neuen, evtl. vorher unbekannten Teilnehmern, mit denen das gewählte Thema bearbeitet wird. Die Hemmschwelle für zukünftige Gespräche wird abgebaut.

Kartenlauf

Teilnehmerzahl: 4 – 25
Organisationsform: Gruppenarbeit
Zeitrahmen: 5 – 15 Min.
Ort: Raum, Außengelände
Material: 1 Kartenspiel (Skat o. ä.)
Schwerpunkt: Prozessverständnis, Selbstwahrnehmung, Fremdwahrnehmung, Kooperation, Problemlösung in der Gruppe, Durchsetzungsvermögen, Risikobereitschaft
Charakteristik: lebhaft, motivierend, aktivierend, bewegungsintensiv
Positionierung: Aktive Pause

Wie geht's?

Entsprechend den Farben eines Skat-Spieles bilden sich 4 Gruppen. Die gewünschte Kartenreihenfolge wird geklärt. Dann werden die Karten vom Spielleiter in einer gewissen Entfernung (5 – 10 m) nach Farben sortiert ausgelegt. Die 4 Gruppen bekommen jetzt die Aufgabe, „ihre" Kartenfarbe nach unterschiedlichen Kriterien und unterschiedlichen Reihenfolgen zurück zu holen. Die Gruppen treten vergleichbar einem Staffelspiel gegeneinander an. Ziel ist es, als erste Gruppe die gestellte Aufgabe zu lösen.

Mögliche Aufgaben:
- Die Karten liegen offen, aber ungeordnet durcheinander (auf dem Boden oder auf einem Tisch). Aus jeder Gruppe läuft ein Teilnehmer zu den Karten, sucht die passende Karte (entsprechend der zugeordneten Farbe sowie in der vereinbarten Reihenfolge) heraus und nimmt diese mit. Wieder bei der eigenen Gruppe angekommen, wird die Karte an eine zuvor festgelegte Position gelegt. Erst dann startet der nächste Teilnehmer.
- Die Karten liegen umgedreht in 4 Kreisen der zugeordneten Farbe. Die Teilnehmer dürfen der Reihe nach unter eine Karte schauen. „Falsche" Karten werden umgedreht wieder zurückgelegt. Die passende wird mitgenommen und vor der Gruppe in der richtigen Reihenfolge ausgelegt. Hier spielt die Laufgeschwindigkeit eine nachgeordnete Rolle.
- Memory: Die Karten liegen umgedreht in fester Ordnung, zum Beispiel liegen in drei Reihen 3, 3 und 2 Karten (in der jeweiligen Kartenfarbe). Vereinbart wird, in welcher Reihenfolge die Karten zurückgeholt werden. Die Teilnehmer laufen und decken eine Karte auf. Ist es die „richtige", nehmen sie diese mit. Ist es die falsche, legen sie sie wieder umgedreht zurück und laufen zurück zur Gruppe, der sie aber mitteilen, an welcher Stelle sie jene Karte gesehen haben. Das

erleichtert das Auffinden dieser Karte, sobald sie an der Reihe ist. Auch hier spielt die Laufgeschwindigkeit eine nachgeordnete Rolle.

Das Spiel endet, wenn alle Gruppen ihre Karten gemäß Aufgabenstellung eingesammelt und angeordnet haben.

Was kommt heraus?
Die Teilnehmer bewegen sich. Das Seminar wird je nach Aufgabenstellung abwechslungsreicher und motivierender.

Wozu?
Insbesondere bei Formen wie Memory werden die Teilnehmer für die Bedeutung von Kommunikation und Koordination sensibilisiert.

Ballkellner

Teilnehmerzahl: 4−40
Organisationsform: Einzelarbeit, Partnerarbeit, Plenum
Zeitrahmen: 5−10 Min.
Ort: Raum, Außengelände
Material: Karteikarten in A5 oder A6 oder Moderationskarten; 1 Tischtennisball je Teilnehmerin
Schwerpunkt: Konzentration, Risikobereitschaft, Kooperation
Charakteristik: konzentriert; aktivierend
Positionierung: aktive Pause

Wie geht's?

Jede Teilnehmerin erhält eine Karteikarte und einen Tischtennisball. Die Aufgabe besteht darin, ihren Ball auf die Karte zu legen und in der Balance zu halten. Dabei kann die Karte entweder an einer Seite festgehalten oder wie ein Kellner-Tablett von unten getragen werden.

Die Aufgabe lässt sich in variierender Komplexität durchführen. Für den Einstieg ist es am einfachsten, die Übung entweder im Sitzen oder im Stehen auszuführen. Nach kurzer Zeit lassen sich Variationen in der Fortbewegung einbauen. Je intensiver die Bewegung, umso schwieriger wird die Aufgabe.

Variationen

- Die Teilnehmerinnen balancieren wie oben geschildert ihren Tischtennisball, laufen dabei jedoch durcheinander. Bei jeder Begegnung schütteln sie sich kurz die freie Hand, ohne den Ball zu verlieren.
- Zwei Teilnehmerinnen werfen sich einen oder später zwei Tischtennisbälle mit den Karten zu und versuchen diese aufzufangen.
- Alle Teilnehmerinnen stehen im Kreis und lassen 1, 2 oder mehr Bälle im Kreis „wandern".
- Es stehen unterschiedliche große Karteikarten zur Verfügung. Mit kleinen Karten kann die Schwierigkeit gesteigert, mit großen Karten reduziert werden.

Was kommt heraus?

Durch die kleine Objektbalanceübung kommen die Teilnehmerinnen in Bewegung. Sie können selbstständig oder im Kontakt mit der Partnerin den Schwierigkeitsgrad und die Bewegungsintensität bestimmen. Beim Zuspiel der Bälle kommen sie spielerisch in Kontakt zu anderen Teilnehmerinnen und suchen gemeinsame Lösungen. Bei der Einzelaufgabe kann die Teilnehmerin die Schwierigkeit und die Risikobereitschaft selbst dosieren. Bei der Partneraufgabe bedarf es der Absprache und Einigung.

Wozu?
Die Teilnehmerinnen lernen sich besser kennen, gerade im Hinblick auf die jeweilige Risikobereitschaft.

Kreativitäts-Golf

Teilnehmerzahl: 10 – 25
Organisationsform: Partnerarbeit, Gruppenarbeit
Zeitrahmen: 30 – 45 Min.
Ort: Raum
Material: 2 Tischtennisbälle, leere Getränkeflaschen, Moderationskarten
Schwerpunkt: Kreativität, Denken „out of the box"
Charakteristik: kommunikativ, aktivierend
Positionierung: Einstieg in Kreativitätsphase

Wie geht's?

Die Aufgabe wird hier im Kontext eines Workshops oder Seminars mit Kreativitäts-anteilen beschrieben. Besonders gut lässt sie sich mit Kreativitätstechniken wie „Forced Relationship" oder „Morphologischer Kasten" kombinieren.

Erläuterung anhand eines Praxisbeispiels: Es soll eine neue Produktlösung gefunden werden, über die noch keine klaren Vorstellungen bestehen. Die gewünschten Funktionen werden in Form von Eigenschaftsattributen auf separate Moderations-karten derselben Farbe geschrieben. Als Substantive werden Bezeichnungen für beliebige materielle oder immaterielle Objekte auf Karten einer anderen Farbe geschrieben.

Beispiel:

- Gesucht wird eine neue Verbindung von Formteilen für eine Maschine.
- Die Attribute werden auf Zuruf zusammengestellt und auf Moderationskarten geschrieben: fest, geschmeidig, flüssig, gelb, süß, laut.
- Die Substantive werden gesammelt und auf Karten geschrieben: Haken, Flä-che, Baum, Ring, Vertrauen, Glück, Rucksack.

Alle Karten werden auf dem Boden oder einer anderen Fläche ausgelegt (möglichst vor einer Wand). Dabei sind die „Attribute-Karten" gruppiert und separiert von den in der Nähe ausgelegten, jedoch ebenfalls gruppierten „Substantiv-Karten".

Nun werden 2 leere Flaschen mit jeweils einem Tischtennisball vor den beiden Kar-tensammlungen aufgebaut. Eine Teilnehmerin schnippt einen Tischtennisball auf die „Attribute-Karten" und einen anderen auf die „Substantiv-Karten".

Durch die jeweils getroffenen Karten ergeben sich Zufallskombinationen, zu denen nun die gesamte Gruppe beginnt zu assoziieren, um einen innovativen Lösungsan-satz für das gestellte Problem zu finden (hier: die neue Verbindung von Formteilen für eine Maschine). So könnten sich Kombinationen ergeben wie: „flüssiger Ruck-sack" oder „süßer Haken". Die zufällig gefundenen Kombinationen öffnen neue Perspektiven, gerade dann, wenn wirkliche Innovationen gesucht werden und

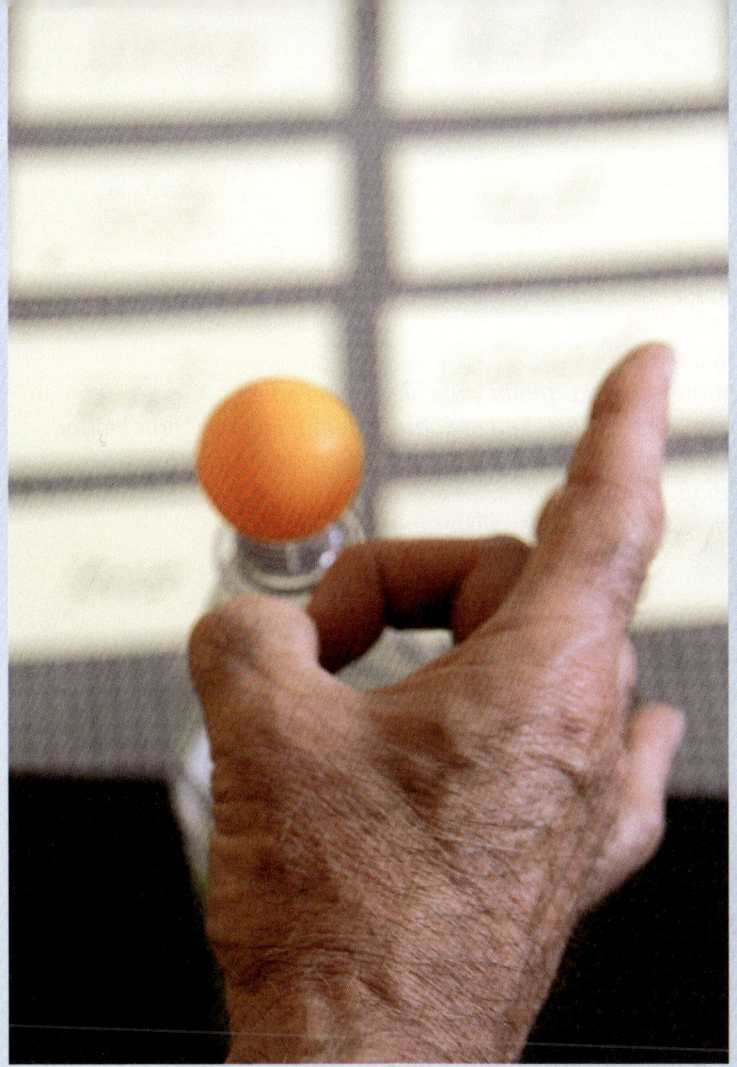

bisherige Denkmuster überwunden werden sollen. Auch wenn die meisten Kombinationen rasch zu verwerfen sind, so bedeutet jede Kombination dennoch einen interessanten Reiz für die Gruppe, um eine neue Lösung zu finden.

Eine Teilnehmerin jeder Gruppe darf die weggeschnipsten Tischtennisbälle so schnell wie möglich wieder auf den Flaschen positionieren. Sie zählt auch die erfolgreichen Versuche: Der Ball fliegt von der Flasche, und diese bleibt stehen.

Was kommt heraus?
Die Aufgabe kann ein Auslöser für Kreativitätsprozesse sein. Sie sorgt für methodische Abwechslung und Aktivität.

Wozu?
Das Denken „out of the box" wird gefördert und Innovationen sind möglich.

Rhythmen erfinden

Teilnehmerzahl: *4 – 25*
Organisationsform: *Plenum, Gruppenarbeit*
Zeitrahmen: *5 – 15 Min.*
Ort: *Raum, Außengelände*
Material: *Papier, Moderationskarten in verschiedenen Farben*
Schwerpunkt: *Prozessverständnis, Selbstwahrnehmung, Fremdwahrnehmung, Teambuilding, Kooperation, Problemlösung in der Gruppe, Konzentration*
Charakteristik: *lebhaft, motivierend*
Positionierung: *aktive Pause, 3D-Visualisierung*

Wie geht's?

Der Moderator hat eine Folge aus den verschiedenfarbigen Moderationskarten ausgelegt (oder an einer Pinnwand befestigt). Nun weist er jeder Farbe ein Geräusch zu, zum Beispiel:

- Weiß = in die Hände klatschen,
- Rot = mit den Füßen stampfen
- Blau = „Hallo" rufen.

Die Teilnehmer bekommen nun die Aufgabe, den durch die Kartenfolge definierten Rhythmus durch die entsprechenden Geräusche nachzuvollziehen. Für die ersten Durchgänge empfiehlt es sich, dass der Moderator einen einfachen 4/4 Takt verwendet, bei dem die Karten nicht allzu sehr variieren. Beispiel:

- Weiß – Rot – Rot – Blau

Der Rhythmus lässt sich mit unterschiedlichen Tempi, als Kanon oder anders variieren.

Nach einigen Durchgängen und zunehmender Vertrautheit mit der Aufgabe bekommen die Teilnehmer Moderationskarten in den 3 verschiedenen Farben in beliebiger Zahl. Sie finden sich in Gruppen zusammen und entwickeln einen eigenen Rhythmus, den sie durch die Karten abbilden. Anschließend stellen die Gruppen einander ihre Lösung vor und erproben diese gemeinsam im Plenum.

Variation

Es können weitere Farben mit entsprechenden Geräuschen hinzugenommen werden.

Was kommt heraus?

Die Teilnehmer vereinbaren die (rhythmische) Struktur und versuchen, sich im weiteren Verlauf daran zu halten. Wenn die Vereinbarungen zu leicht bzw. zu schwer zu erfüllen sind, werden sie gemeinsam geändert.

Ist die Vereinbarung für die jeweilige Gruppe angemessen, macht das Spiel Spaß. Als Bewegungspause entspannt und lockert die Aufgabe die Atmosphäre. Zudem fördert der Transfer von visuellen Vorgaben zu lautlichen Äußerungen die Kreativität.

Wozu?

Die Teilnehmer erleben die Gemeinsamkeit bei der Problemlösung im Team. Sie müssen sich in die Vorschläge anderer einfinden, haben aber gleichzeitig Gelegenheit, den Ablauf selbst mitzugestalten. Dabei werden Transferleistungen notwendig, die auch für die Lösung betrieblicher Aufgabenstellungen wertvoll sind.

Luftballonkönigin

Teilnehmerzahl: 4 – 25
Organisationsform: Gruppenarbeit, Plenum
Zeitrahmen: 5 – 15 Min.
Ort: Raum
Material: 1 Luftballon je Teilnehmerin, 2 Pinn-Nadeln
Schwerpunkt: Fremdwahrnehmung, Kooperation, Risikoeinschätzung
Charakteristik: lebhaft, motivierend, aktivierend, bewegungsintensiv,
Positionierung: Aktive Pause, Workshop/Seminarende

Wie geht's?

Die Gesamtgruppe teilt sich in 2 Untergruppen, die sich an einer Linie (ggfs. einer Reihe Seminartische) gegenüber stehen und jeweils eine „Königin" bestimmen. Die Königin wird mit einer Pinn-Nadel („Schwert") ausgestattet und in kleinem Abstand hinter die gegnerische Gruppe postiert und darf sich dann nicht mehr von dort fortbewegen. Jede Teilnehmerin bläst ihren Luftballon auf und versucht, diesen über die gegnerische Gruppe hinweg zur eigenen Königin zu spielen. Kommt er hinreichend genau an (obwohl die andere Gruppe versucht, das zu verhindern und stattdessen zur eigenen Königin zu spielen), darf die Königin den Ballon mit ihrer Pinn-Nadel zerplatzen lassen. Welche Gruppe erzielt die meisten Knaller?
Hinweis: Je nach Raum und Gruppensituation sollte verhindert werden, dass die Königin mit ihrem „Schwert" eine Teilnehmerin treffen kann. So kann die Königin leicht erhöht stehen. Oder es wird mit einem Seminartisch ein Sicherheitsabstand hergestellt. Auch sollten die Gruppen nicht unmittelbar voreinander stehen. sondern in einem kleinen Abstand (ca. 1 m).

Was kommt heraus?

Dieses Spiel ist eine lustige, belebende und entspannende Bewegungspause, die allerdings durch die platzenden Luftballons auch aufregende Elemente hat.

Wozu?

Das Spiel fördert die individuelle Risikobereitschaft und Kooperation.

Der Wackeltisch

Teilnehmerzahl: 4 – 25
Organisationsform: Gruppenarbeit
Zeitrahmen: 15 – 20 Min.
Ort: Raum
Material: Je Kleingruppe eine runde Sperrholzplatte von 60 – 80 cm Durchmesser, eine stabile Papprohre in einer Höhe von ca. 80 cm, ein Gymnastik- oder Softball sowie Bausteine, Pappdeckel, Plastikbecher und andere Gegenstände, die bruchsicher sind, Augenbinden
Schwerpunkt: Fremdwahrnehmung, Teambuilding, Kooperation, Zielfindung, Problemlösung in der Gruppe, Konzentration, Risikoeinschätzung, Risikobereitschaft
Charakteristik: ruhig, konzentriert, achtsamkeitsfördernd
Positionierung: aktive Pause, Workshop/Seminarende, thematische Vertiefung, methodische Ergänzung

Wie geht's?

Der Moderator stellt auf einer freien Fläche im Raum jeder Gruppe von 4 – 8 Personen eine Papprohre, einen Ball und eine Holzplatte zur Verfügung. Zunächst wird dann der Ball auf die aufrecht stehende Papprohre gelegt, um dann die Holzplatte mittig auf den Ball zu legen. Diese wackelige Konstruktion orientiert sich an dem kleinräumigen Gesellschaftsspiel „Bamboleo".
Nun kann der Moderator den Gruppen verschiedene Aufgaben stellen und darüber Einfluss auf den Schwierigkeitsgrad nehmen:

- Sie können mit den vorhanden Materialien eine interessante Konstruktion auf den Wackeltisch bauen, ohne dass dieser umstürzt.
- Es wird die Vorgabe gemacht, dass der Mittelkreis von 20 – 30 cm nicht bebaut werden darf.
- Zwei Gruppenmitglieder erhalten Augenbinden und sollen „blind", aber mit der verbalen Unterstützung der Gruppe, die Konstruktion wieder abbauen.
- Die Gruppe erhält die Aufgabe, die Gegenstände möglichst weit außen zu positionieren. Dabei wäre es mit den Pappdeckeln und evtl. den Bausteinen auch möglich, Lösungen zu finden, bei denen weit über den Rand der Platte hinausgebaut wird.
- Pro Person wird ein Plastikbecher auf die Platte gestellt, in den das Pausenwasser eingegossen wird. Wenn alle Becher gefüllt sind, überlegt die Gruppe, in welcher Reihenfolge die Becher entfernt werden können, ohne dass der Wackeltisch umfällt. Hier sollten Sie ein Wischtuch bereithalten, falls der Tisch umfällt.

Was kommt heraus?

Um in der Gruppe zu einer gemeinsamen Konstruktion zu kommen, werden die Gruppenmitglieder über ihre persönliche Risikoeinschätzung diskutieren. Werden schwere Materialien weit nach außen gestellt, kann der Wackeltisch umkippen. Wird alles mittig aufgebaut, ist das Risiko gering. Spannend wird es, wenn die Gruppe an die Grenze des Möglichen geht und der Wackeltisch trotzdem nicht umfällt. Der achtsame Umgang miteinander wird hier in spielerischem Rahmen ermöglicht.

Wozu?

Die Teilnehmer erfahren, dass es in einer Gruppe sehr unterschiedliche Lösungs-ideen und Risikoeinschätzungen gibt. Im Gespräch über die persönliche Wahrneh-mung und Bewertung der Situation nehmen sie diese Unterschiedlichkeit wahr und finden in der Gruppe gemeinsame Formen.

Der Thementurm

Teilnehmerzahl: 4 – 6 je Gruppe
Organisationsform: Gruppenarbeit
Zeitrahmen: 15 – 30 Min.
Ort: Raum
Material: ca. 200 Blatt DIN-A4 Papier (100 g)
Schwerpunkt: Kooperation, Problemlösung in der Gruppe, Prozessverständnis, 3D-Visualisierung
Charakteristik: konzentriert
Positionierung: thematischer Einstieg oder Seminarende

Wie geht's?
Die Papierblätter sollen zum Bauen eines Papierturmes verwendet werden. Ihre Stabilität erhalten sie durch eine Zickzackfalttechnik, d. h. sie werden einmal in der Mitte und dann jeweils einmal außen gefaltet. Der Moderator entscheidet, ob er die gefalteten Papiere zur Verfügung stellt oder den Teilnehmern die Falttechnik erklärt, damit diese die Papiere für ihr Bauprojekt selbst herstellen. Mehrere dieser Papierblätter werden aufgestellt und bilden im Turm eine Etage, die durch ein Papierblatt als Zwischendecke stabilisiert wird. Auf diese Art soll ein möglichst hoher Turm gebaut werden.

Das Spiel kann beispielsweise für eine Stoff-/Inhaltssammlung zu einer Fragestellung genutzt werden. Nach einem Brainstorming, dessen Ergebnisse einzeln auf den gefalteten Papieren notiert werden, werden die Papiere in erster Sortierung zusammengestellt.

Variationen
- Auf den gefalteten Papierblättern werden zentrale Begriffe/Ergebnisse des Workshops festgehalten. Diese Begriffe sollen nach Fertigstellung des Turmes für alle gut sichtbar sein. Die Gruppe einigt sich, welche Begriffe die Basis des Turms bilden und welche in den oberen Etagen sichtbar werden (anwendbar etwa für die Erarbeitung eines gemeinsamen Wertekanons).
- Die Gruppe erhält nur das Material und findet selbst Lösungen, wie sie damit einen möglichst hohen Turm bauen kann. Hierfür wird mehr Zeit benötigt!

Was kommt heraus?
Die Vorschläge der Einzelnen werden von der Gruppe gehört und dann wird entschieden, welcher Lösungsweg zuerst versucht wird. Die Gruppe muss entscheiden, wie viel Material je Etage verbaut wird oder welche Begriffe in welcher Etage kenntlich gemacht werden. Dies erfordert Diskussion und fördert Konsensprozes-

se. Inhaltlich kann eine Stoffsammlung mit erster Sortierung und hohem Symbol-gehalt entstehen („unser Werte-Turm").

Wozu?

Das Team sucht gemeinsam nach einer Problemlösung und Umsetzung der Auf-gabe. Der Einzelne muss sich einbringen, aber auch die Vorschläge der Anderen wahrnehmen, um das gemeinsame Ziel zu erreichen. Dieses spielerische Training kommt dem weiteren Arbeitsprozess zugute.

Rhythmus in Bewegung

Teilnehmerzahl: 4 – 40
Organisationsform: *Teilnehmerinnen stehen im Kreis*
Zeitrahmen: 10 – 30 Min.
Ort: *Raum, Außengelände*
Material: *vorhandenes Seminarmaterial, z. B. Moderations-Kärtchen unterschiedlicher Farbe*
Schwerpunkt: *Verständigung, Teambuilding, Aufeinander hören, Konzentration, Selbstbehauptung, Durchsetzungsvermögen, Spaß*
Charakteristik: *lebhaft, aktivierend*
Positionierung: *aktive Pause*

Wie geht's?

Die Teilnehmerinnen geben nacheinander einen Rhythmus vor, den die übrigen in einer beliebigen Bewegung aufnehmen. In der Regel fällt der Einstieg über das Händeklatschen am leichtesten. Es sind jedoch auch andere akustisch wahrnehmbare Bewegungen möglich, wie beispielsweise große oder kleine Schritte, Sprünge, mit den Füßen stampfen ...

Variationen

- Die Hälfte der Gruppe bleibt beim ersten vorgegebenen Rhythmus. Für die zweite Gruppe gibt eine weitere Teilnehmerin (oder die Moderatorin) einen zusätzlichen Rhythmus vor. Dieser kann zum ersten und weiterhin laufenden Rhythmus passen. Beide Gruppen behalten ihren Rhythmus bei.
- Wie oben, aber die Rhythmen laufen gegeneinander bzw. passen nicht zusammen (z. B. 4/4 vs. 3/4).
- Beide Gruppen üben beide Rhythmen. Dann übernimmt jede Gruppe einen der Rhythmen. Auf ein Zeichen hin wechseln sie.
- 4 Gruppen klatschen unterschiedliche Rhythmen. Nach einiger Zeit werden sie aufgefordert, sich als Gruppe aufzulösen und sich einzeln durch den Raum zu bewegen. Dabei versuchen sie, ihren Rhythmus beizubehalten, auch wenn sie jetzt nicht mehr als Gruppe zusammenstehen.
- Verschiedene Gruppen produzieren verschiedene Rhythmen. Nun werden sie aufgefordert, sich mit ihrem Rhythmus vor eine andere Gruppe zu stellen, während beide Gruppen ihren Rhythmus fortsetzen. Die Aufgabe ist, dass beide Gruppen versuchen, die andere von ihrem Rhythmus zu „überzeugen". Mit dem Rhythmus, der sich durchgesetzt hat, geht die neue, nun größere Gruppe zur nächsten Gruppe, um den eigenen Rhythmus auch dort durchzusetzen.

Was kommt heraus?

Die Teilnehmerinnen erleben Skills wie Führen, etwas vorgeben, auf andere hören, sich durchzusetzen etc. über andere Zugänge als über Sprache.

Wozu?

Die Teilnehmerinnen erleben sich als vitale und energiereiche Gruppe, die auch ohne Worte in-Takt ist. Individuelle Impulse werden in einer zunächst kleineren Gruppe erprobt und können durchgesetzt werden. Ebenso wird die Fähigkeit gefördert, sich von äußeren Einflüssen unabhängig zu machen und das eigene Konzept verfolgen zu können. Gleichzeitig und im Gegensatz dazu wird spürbar, dass es am Ende um einen „stimmigen" Gruppenkonsens geht, der umso kraftvoller ausfällt, wenn schließlich alle(s) „in-Takt" ist.

Uuund Hepp!

Teilnehmerzahl: 4 – 25
Organisationsform: Gruppenarbeit, Plenum
Zeitrahmen: 5 – 10 Min.
Ort: Raum, Außengelände
Material: Edding, dickerer Filzstift o. ä. pro Person
Schwerpunkt: Selbstwahrnehmung, Fremdwahrnehmung, Teambuilding, Kooperation, Konzentration, Risikobereitschaft, Risikoeinschätzung
Charakteristik: lebhaft, motivierend, aktivierend
Positionierung: aktive Pause

Wie geht's?

Die Teilnehmer stehen eng im Kreis um eine Tischfläche herum und halten mit einem Finger ihren Stift senkrecht auf der Tischfläche stehend fest. Auf das Kommando „Uuund Hepp!" lassen sie ihren Stift los und versuchen ihn wieder festzuhalten, bevor er umfällt.

Nach einigen Versuchen und gewonnener Sicherheit versuchen sie, auf das Kommando „Uuund Hepp!" den Stift des rechten Nachbarn zu fassen, bevor er umfällt. Beim nächsten Kommando geht es zum nächsten Stift.

Variationen

- Bei „Uuund bleib" greift jeder wieder seinen eigenen Stift.
- Mit einem vorangestellten „Rechts" oder „Links" wird die Bewegungsrichtung vorgegeben: „Rechts Uuund Hepp" entsprechend nach rechts, „Links Uuund Hepp" in die andere Bewegungsrichtung. In einer längeren Folge lassen sich die beiden Bewegungsrichtungen abwechseln.
- Die Übung lässt sich auch unter Nutzung von Stühlen ausführen. Hierzu stehen die Teilnehmer im Abstand von 1–2 m im Kreis, den jeweiligen Stuhl mit der Rückenlehne genau vor sich. Alle Stühle sind auf die beiden hinteren Stuhlbeine gekippt. Auf das Kommando „Rechts Uuund Hepp!" lassen die Teilnehmer ihren Stuhl los und wechseln rasch zum nächsten Stuhl, bevor dieser umfällt oder mit allen Stuhlbeinen aufsetzt.

Die Aufgabe ist gelöst, wenn es der gesamten Gruppe gelingt, den Stift- bzw. Stuhlwechsel über mehrere Runden „umfallfrei" zu bewältigen.

Was kommt heraus?

Trotz des Zeitdrucks müssen die Teilnehmer versuchen, ihren Stift so gezielt loszulassen, dass er noch genügend lange stehen bleibt, damit der Nachbar ihn greifen kann. Die Übung sorgt für Aktivierung und vitalisiert gerade nach kognitiven Arbeitsphasen.

Wozu?

Die Übung adressiert die Notwendigkeit von koordiniertem Handeln in der Gruppe, ausgerichtet an einem gemeinsamen Ziel.

Spezielles Material

Bunte Tücher, Soft-Frisbees, Schleuderhörner oder Seile sind für den Seminarbetrieb spezielle Materialien, die aber problemlos erhältlich sind und zu weiteren Aktivitäten einladen. Noch etwas spezieller und kostspieliger sind größere Geräte wie das Cobal-Spiel oder der Fröbel-Kran. Diese Materialien eröffnen allerdings auch besondere Kooperationsaufgaben und sind dann sinnvoll, wenn der Moderator von ihnen begeistert ist und sie häufiger zum Einsatz bringen kann.

Die fliegenden Tücher

Teilnehmerzahl: 4 – 25
Organisationsform: zunächst Einzelarbeit, dann Gruppenarbeit
Zeitrahmen: 15 Min.
Ort: Raum
Material: Chiffontuch je Teilnehmerin
Schwerpunkt: Prozessverständnis, Kooperation, Koordination
Charakteristik: lebhaft, bewegt
Positionierung: aktive Pause

Wie geht's?

Zunächst sollte dafür gesorgt werden, dass im Raum eine Freifläche zur Verfügung steht, in der die Teilnehmerinnen sich im Kreis aufstellen. Die Moderatorin verteilt die Chiffontücher, so dass jede Teilnehmerin eins in der Hand hält. Nun erhalten die Teilnehmerinnen den Auftrag, ihr Tuch in die Luft zu werfen und mit einem Körperteil ihrer Wahl aufzufangen. Dies wiederholen sie mit unterschiedlichen Körperteilen. So kommen die Teilnehmerinnen in Bewegung und gewöhnen sich an die Flugeigenschaften des Tuches.

Nun kann die Aufgabe entsprechend den eigenen Möglichkeiten und der Motivation der Gruppe gesteigert werden. Dazu stellen sich alle Teilnehmerinnen im Kreis in einer Bewegungsrichtung (z. B. im Uhrzeigersinn) auf. Sie erhalten den Auftrag, alle Tücher gleichzeitig nach oben in die Luft zu werfen und einen Platz nach vorn zu gehen, um dort das nächste Tuch (der Person, die vor ihnen steht) zu fangen. Dies erfordert eine genaue Abstimmung, z. B. ein Signal oder ein gemeinsam gerufenes Wort. Ziel der Gruppe soll sein, dass alle Teilnehmerinnen es schaffen, ihr neues Tuch zu fangen. Funktioniert dies, erhält die Gruppe den Auftrag, die Tücher 5, 10 oder 20 Mal hintereinander hoch zu werfen und dabei das Tempo zu steigern.

Variationen

- Es wird ein Richtungswechsel und die Nutzung der anderen Hand vorgeschlagen.
- Die Teilnehmerinnen erhalten den Auftrag, das übernächste (nicht das nächste) Tuch zu fangen.

Sobald die Teilnehmerinnen nicht mehr das eigene Tuch fangen, werden sowohl die Relevanz von Koordination und Kooperation als auch die gegenseitige soziale Verantwortung erlebbar.

Was kommt heraus?

Alle Teilnehmerinnen erheben sich von ihren Stühlen und haben Gelegenheit, sich zu bewegen und die Muskulatur zu lockern. Spätestens nach der individuellen Eingangsübung muss die Gruppe eine gemeinsame Lösung für das Gelingen der Aufgabe finden. Dabei muss sie auf alle Teilnehmerinnen Rücksicht nehmen. Ein gemeinsamer Rhythmus und die exakte Ausführung erhöhen das Erfolgserlebnis.

Wozu?

Die Teilnehmerinnen erfahren, dass sie sich für das Gelingen des Prozesses gut abstimmen müssen. Auch sollten sie bei einer Tempoveränderung die Möglichkeiten aller Teilnehmerinnen im Blick haben, denn die Aufgabe gelingt nur, wenn alle das gleiche Tempo haben. Für den Arbeitszusammenhang können sie reflektieren, wo es einer abgestimmten, koordinierten Vorgehensweise bedarf und wie sie damit im Alltag umgehen.

Kooperation im Gleichgewicht

Teilnehmerzahl: bis zu 12
Organisationsform: Gruppenarbeit
Zeitrahmen: 30 Min.
Ort: Raum, Außengelände
Material: COBAL-Spiel®, unterschiedliche Murmeln, Tischtennis-Bälle
Schwerpunkt: Kooperation, Zielfindung, Balance
Charakteristik: konzentriert, aktivierend, bewegt
Positionierung: thematischer Einstieg, methodische Ergänzung, Bewegungs-pausen

Wie geht's?

Die Mitspielerinnen versuchen durch Gleichgewichtsverlagerungen die Stellung der Balancekreisel des Cobal-Spiels zu verändern. Da die Kreisel mit dem Spielfeld in Verbindung stehen, ändert sich dabei die Schräglage der Spielfläche. Diese Schräglage bewirkt, dass aufgelegte Kugeln ins Rollen kommen. Mit geschickter und unter den Aktiven abgestimmter Bewegung lassen sich die Kugeln steuern, so dass sie eingelocht werden können. Es können unterschiedliche Kugeln verwendet werden.

Es sind aufgrund der Spielkonstruktion 3 Spielerinnen unmittelbar aktiv. Die weiteren Teilnehmerinnen sind durch unterschiedliche Aufgabenstellungen einbezogen. Beispiele:

- Beobachtung der Abstimmungs- und Entscheidungsprozesse unter den Spielenden, anschließend Feedback.
- Von außen Aufgaben stellen (etwa: „jetzt eine Kugel in Loch 2").
- Durch zuvor festgelegte Werte werden den Außenstehenden Aufgaben gestellt; etwa: „Kugel mit Nr. 1 – fällt diese in ein Loch, wird eine Aktive ersetzt; bei Kugel mit Nr. 2 werden 2 Aktive ersetzt"; etc.

Die Fähigkeit, auf einem Balancekreisel frei zu balancieren, ist wünschenswert, aber keinesfalls notwendig, um mitspielen zu können. Das Spiel ist inklusiv, da alle Spielpositionen zulässig und die Kreisel zum Beispiel auch per Hand oder im Sitzen mit einem Fuß auf dem Balancekreisel bewegt werden dürfen.

Variationen

- Unterschiedliche Spielvereinbarungen, z. B. welches 3er-Team erzielt die beste Zeit, um alle Kugeln einzulochen.
- Die 3 Aktiven stehen mit dem Rücken zur Spielfläche und werden von jeweils einer anderen Person gelenkt („mehr nach vorne / nach hinten"); ggf. Führung durch Handkontakt.
- Unterschiedliche Kugeln, die durch die Löcher fallen, in den Löchern stecken-

bleiben, leicht oder schwer rollen, beim Rollen Klänge erzeugen, zuvor in Farbe getaucht werden, sodass die Kugeln Farbspuren hinterlassen (ein Bild entsteht) ...

Was kommt heraus?
Die Spielerinnen müssen sich zunächst auf ein Ziel einigen (z. B. eine Art zu spielen; die Reihenfolge der Ziellöcher zu bestimmen etc.). Das Spiel verdeutlicht gegenseitige Abhängigkeiten und Wechselwirkungen: Mein Tun hat unmittelbare Konsequenzen auf das gemeinsame Resultat. Gleichzeitig wird erfahrbar, dass eine Lösung nicht durch eine Person, sondern nur im ausbalancierten Zusammenwirken des Teams erreichbar ist. Durch Beobachtung und Feedback kommt eine weitere Erfahrungsdimension hinzu, die den Transfer auf alltägliche Kontexte fördert.
Die Spielanlage ist offen. Dadurch bietet sich eine Menge Handlungsspielraum für die Spielenden, die sich in vielfältigen Spielideen und Variationsmöglichkeiten wiederfinden (einige Möglichkeiten finden sich oben).

Wozu?
Das Spiel fördert die kommunikative und spielerische Erfahrbarkeit von Teamwork und Koordination.

Schattenbaukasten

Teilnehmerzahl: 4–25
Organisationsform: Gruppenarbeit (je 2–6 Teilnehmer)
Zeitrahmen: 45 Min.
Ort: Raum
Material: Material für Schattenkästen (je Gruppe 3 Pappen, 3 Bögen weißes und kariertes Papier, Büroklammern zur Befestigung der Bögen auf den Pappen), mehrere Bausteine, z. B. aus Holz oder Lego
Schwerpunkt: Problemlösung in der Gruppe, Multiperspektivität, Diversity, Raumwahrnehmung

---

Wie geht's?

Zunächst werden 2 parallel arbeitende Gruppen gebildet. Pro Gruppe wird ein dreidimensionaler Raum (= „Schattenkasten") mit Hilfe eines Bodens, einer Rück- und einer (linken) Seitenwand, die miteinander verbunden sind, aufgebaut. Daran werden mit Büroklammern die karierten Papierblätter befestigt.

Jede Gruppe hat mehrere Bausteine zur Verfügung. Aus diesen Bausteinen wird eine komplexe Form zusammengesetzt und in den Schattenkasten gestellt. Nun gilt es, den Schatten, den diese Form auf die 3 Flächen wirft, auf das Papier zu zeichnen: am Boden aus der Vogelperspektive, an der Rückwand von vorne und an der linken Seitenwand von rechts. Über die Schattenzeichnung muss sich die Gruppe einigen. Anschließend werden die Bausteine entfernt, ggf. kann zuvor ein Handyfoto gemacht werden. Die parallel arbeitende Gruppe erarbeitet ebenfalls eine komplexe Form aus ihren Bausteinen.

Die je andere Gruppe hat nun die Aufgabe, die Bausteine wieder zu der Form zusammenzusetzen, die den verschiedenen Perspektiven / Schattenformen entspricht. Zur Orientierung stehen nur die 3 verschiedenen Perspektivzeichnungen zur Verfügung. Es wird deutlich, dass für eine Lösung mehrere Perspektiven helfen, um die Varianten zu reduzieren: Verschiedene Sichtweisen helfen, um Problemstellungen zu lösen.

Hinweis: Solche Kästen gibt es auch fertig im Lehrmittelhandel (siehe Bezugsquellen, Stichwort „Schattenbaukasten") zu kaufen. Aber gerade das Erstellen der beliebig variierbaren und unterschiedlich komplexen Vorlagen ist ein interessantes und komplexeres Projekt.

Was kommt heraus?

Die Teilnehmer erleben Problemlösungsprozesse in der Gruppe anhand eines ungewöhnlichen Settings. Bei der Erstellung der 3 Schattenzeichnungen muss räumliches Vorstellungsvermögen kombiniert werden mit der Fähigkeit, eine komplexe Form auf eine einfache Umrisszeichnung zu reduzieren. Derselbe Prozess ist in

umgekehrter Richtung bei der Lösungssuche anzuwenden, wobei hier die Multi-perspektivität als lösungsrelevant erlebt wird.

Wozu?
Unterschiedliche Perspektiven werden als relevante Voraussetzung für Problemlösungen in der Gruppe erkannt. Damit können Multiperspektivität und Diversity als strategische Werkzeuge verankert werden.

Frisbee-Spiele im Raum

Teilnehmerzahl: 4 – 25
Organisationsform: Partnerarbeit, Gruppenarbeit
Zeitrahmen: 5 – 15 Min.
Ort: Raum
Material: Softfrisbees
Schwerpunkt: Fremdwahrnehmung, Kooperation,
Charakteristik: aktivierend, bewegt
Positionierung: Workshopstart, aktive Pause

Wie geht's?

Zunächst finden sich jeweils zwei Teilnehmerinnen zusammen. Jedes Paar erhält eine Softfrisbeescheibe aus weichem Kunststoff, die für Innenräume geeignet ist. Die Paare erhalten die Aufgabe, sich das Frisbee gegenseitig zuzuwerfen und zu fangen. Sobald dies gut gelingt, dreht sich die Partnerin A, die kein Frisbee in der Hand hält, mit dem Rücken zu ihrer Partnerin B. B ruft nun den Namen von A und wirft ihr das Frisbee zu. Sobald A ihren Namen hört, muss sie sich schnell umdrehen und das Frisbee fangen. Diese Aufgabe wird abwechselnd einige Male wiederholt. Die Paare erhalten von der Moderatorin die Aufgabe so zu rufen, dass die Aufgabe spannend bleibt, die Partnerin aber eine gute Chance hat, das Frisbee zu fangen.

Variation

Die Teilnehmerinnen stehen in Gruppen von 4 – 10 Personen im Kreis, die Blickrichtung nach außen gerichtet. Eine Person hat ein Frisbee und hat den Blick zur Kreismitte gerichtet. Sie ruft wie oben den Namen einer Teilnehmerin, die sich schnell umdreht und das Frisbee fängt. Dies wird mehrmals wiederholt, sodass alle Teilnehmerinnen das Frisbee mindestens 2 – 4 Mal erhalten haben. Die Spielleiterin kann ein zweites oder drittes Frisbee zur Verfügung stellen und so die Intensität erhöhen. Diese Variante eignet sich besonders gut zum Workshopstart mit einer Gruppe, die sich bislang nicht persönlich kennt, da mit dieser Übung die Namen gut gelernt werden.

Was kommt heraus?

Die Teilnehmerinnen aktivieren sich spielerisch und kommen über Bewegung und Spiel in Kontakt. Fast nebenbei werden die Namen gelernt. Alle müssen sich auf ihre jeweiligen Partnerinnen einstellen und die Aufgabe passend dosieren, so dass

sie nicht zu schwer, aber auch nicht zu leicht ist. Da mehrere Paare gleichzeitig im Raum sind und Namen rufen, muss auditiv selektiert werden, welche Information für die Einzelne relevant ist.

Wozu?
Die Teilnehmerinnen lernen sich kennen, indem sie sich in einer besonderen Spiel- und Wahrnehmungssituation erleben.

Tuch-Trampolin

Teilnehmerzahl: 4 – 40
Organisationsform: Partnerarbeit, Gruppenarbeit,
Zeitrahmen: 10 – 15 Min.
Ort: Raum, Außengelände
Material: Pro Paar ein Tuch und Ball bzw. kleines Sandsäckchen
Schwerpunkt: Koordination von Handlungen, Fremdwahrnehmung, Kooperation,
Problemlösung in der Gruppe, Risikobereitschaft
Charakteristik: lebhaft, motivierend, aktivierend
Positionierung: aktive Pause, Einleitung thematischer Sequenzen zu Kooperation
im Team

Wie geht's?

Es finden sich jeweils zwei Partnerinnen zusammen. Sie erhalten gemeinsam ein
Tuch und einen Ball bzw. ein kleines Sandsäckchen. Draußen oder bei sehr hohen Decken auch innerhalb eines Raums sind hochelastische Reflextücher in einer
Größe von 75 × 75 cm in Kombination mit einem kleinen Sandsäckchen besonders
gut geeignet. Möglich sind aber auch z. B. ein Trockentuch (Küchentuch) und ein
Tennisball. In Räumen mit niedriger Deckenhöhe ist die Kombination aus Chiffon-
tüchern und Tischtennisbällen besonders geeignet.

Die Partnerinnen haben zunächst die Aufgabe, das Tuch jeweils an einer Seite
festzuhalten, so dass es gespannt ist. Mit dem gespannten Tuch wird der Ball bzw.
das Sandsäckchen in die Höhe geworfen und wieder aufgefangen. Mit ein biss-
chen Übung und entsprechender Absprache zwischen den Partnerinnen fliegen
die Bälle recht hoch und lassen sich trotzdem gut fangen.

Gelingt das Werfen und Fangen, finden sich zwei Paare zusammen und versuchen,
sich die Bälle gegenseitig zuzuwerfen und zu fangen.

Variationen

- Zwei Paare werfen sich ihre Bälle gleichzeitig so zu, dass jedes Paar den Ball
  des anderen Paares fängt.
- Die gesamte Gruppe steht paarweise in Reihe und die Bälle wandern bis zum
  letzten Paar. Dort steht ein Auffangkorb o. ä.
- Alle Paare stehen im Kreis und die Bälle wandern entsprechend.

In welcher Variante auch immer: Es bedarf der Koordination und Absprache, um
einen gemeinsamen Rhythmus zu finden und zu befolgen. Je mehr Varianten ein-
gesetzt werden, desto mehr Zeit braucht es, so dass die obige Zeitangabe erhöht
werden muss.

Was kommt heraus?

Die Teilnehmerinnen kommen in Bewegung, haben Spaß und stellen sich auf ihre jeweiligen Partnerinnen ein. Eine gute Absprache, ein gemeinsamer Rhythmus und die passende Kraftdosierung führen zu Erfolgserlebnissen. Die Teilnehmerinnen bestimmen gemeinsam die Flughöhe des Balles und verändern damit das Risiko, den Gegenstand nicht mehr bzw. schwerer zu fangen. Tun sie sich mit einem weiteren Paar zusammen, erfolgt diese Abstimmung zu viert, bei Gruppenaufstellung in Reihe oder im Kreis kommt es auf die Absprache im gesamten Team an.

Wozu?

Koordination der gemeinsamen Handlung ist der Schlüssel, um die gestellten Aufgaben zu lösen. Spielerisch wird die Erfahrung gemacht, dass gegenseitige Wahrnehmung und gemeinsame Lösungssuche die Erfolgswahrscheinlichkeit erhöhen. Die Abstimmung aufeinander erfolgt nicht immer verbal, sondern oft auch intuitiv.

Dominostaffel

Teilnehmerzahl: 4 – 25
Organisationsform: Gruppenarbeit
Zeitrahmen: 10 Min.
Ort: Raum, Außengelände
Material: Softdomino-Steine (PU-Schaum; 7,5 × 15 cm; 1 Satz besteht aus 28 Steinen)
Schwerpunkt: Prozessverständnis, Prozessmanagement, Kooperation, Problemlösung in der Gruppe,
Charakteristik: lebhaft, motivierend, bewegungsintensiv
Positionierung: aktive Pause, methodische Ergänzung

Wie geht's?

Die Teilnehmer bilden 2 Staffelgruppen an einer Stirnseite des Raumes oder Spielfeldes. Vor jeder Staffelgruppe liegen in der Mitte des Raumes jeweils 28 gemischte Dominosteine auf einem Haufen. Abwechselnd laufen die Staffelläufer zu diesem Haufen, aus dem sie einen Stein herausnehmen und zu einem hinter einem Tisch versteckten Zielbereich bringen. Wenn sie dann wieder zur Staffelgruppe zurückkehren, teilen sie der Gruppe die Dominozahlen an Kopf und Fuß der wachsenden Dominoreihe mit, so dass der nächste Läufer einen passenden Stein aus dem Haufen zur Zielreihe mitnehmen kann. Irgendwann passt evtl. keiner der restlichen Steine mehr an die eigene Reihe. In diesem Fall darf der Stein an der Reihe der gegnerischen Staffel angelegt werden. Geht es auch da nicht weiter, darf die eigene Reihe so zurückgebaut werden, dass der fragliche Stein einen Platz findet. Alle abgebauten Steine werden wieder auf die Mittelposition gelegt. Das Spiel endet nach maximal 10 Minuten. Gewonnen hat die Staffel, die am meisten Steine ablegen konnte.

Variation

„Spionage": Die Staffelgruppen versuchen, die Endzahlinformationen der anderen Gruppe abzuhören. Die eigenen Steine dürfen von Anfang an sowohl an die eigene Reihe, als auch die der gegnerischen Staffel angelegt werden, was deren Endzahlinformationen durcheinander bringt ...

Was kommt heraus?

Das Spiel verlangt eine gute Kooperation in der Gruppe, vor allem in den Momenten, in denen kein passender Stein mehr vorhanden ist. Insbesondere für aktive Gruppen hat die Variation „Spionage" einen hohen Aufforderungscharakter.

Wozu?

Jede Gruppe kann eine eigene Strategie entwickeln. Sie erlebt, dass auch unter Zeitdruck eine gute Kommunikation zum Erfolg beiträgt.

Dominokreis

Teilnehmerzahl: 4 – 25
Organisationsform: Gruppenarbeit
Zeitrahmen: 5 – 15 Min.
Ort: Raum, Außengelände
Material: Softdomino-Steine (PU-Schaum, 7,5 × 15 cm; je Gruppe 1 Satz: 28 Steine)
Schwerpunkt: Teambuilding, Kooperation, Problemlösung in der Gruppe, Konzentration
Charakteristik: ruhig, konzentriert
Positionierung: aktive Pause, methodische Ergänzung

Wie geht's?

Die Teilnehmerinnen stehen in Gruppen von 4 – 5 Personen jeweils um einen Haufen aus 28 Dominosteinen herum. Sie nehmen der Reihe nach einen Dominostein vom Haufen und legen ihn an einer anderen Stelle in einem Bogen nach den Dominoregeln wieder aus, wobei nur an der Längsseite der Steine angelegt werden darf. Ziel der Gruppe ist es, mit allen Steinen einen geschlossenen, stimmigen Kreis auszulegen. Wenn kein passender Stein mehr vorhanden ist, dürfen die ausgelegten Steine, soweit nötig, weggenommen und in einer neuen Kombination wieder ausgelegt werden. Mögliche Reststeine zählen als Minuspunkt.

Variationen

- Es steht nur eine bestimmte Zeit zur Verfügung.
- Zwei oder mehr Gruppen treten gegeneinander an. Es zählt die kürzeste Zeit bzw. die geringste Zahl von Reststeinen.
- Für eine größere Gruppe: Jede Teilnehmerin erhält einen Dominostein, den sie umgedreht vor sich hält und einer anderen Teilnehmerin zum Tausch anbietet. Der Tausch geschieht mehrfach zwischen unterschiedlichen Teilnehmerinnen, bis die Moderatorin ein Zeichen gibt. Dann drehen die Teilnehmerinnen ihren Stein um und ordnen sich so im Kreis, dass das rechte bzw. linke Diagramm zur Nachbarin passt.

Was kommt heraus?

Auch unter Zeitdruck sollte die Gruppe in der Lage sein, Probleme zu diskutieren und kooperativ Lösungen zu finden. Insbesondere Variation 3 eröffnet vielfältige Kontaktmöglichkeiten in der Gruppe.

Wozu?

Die Gruppe macht die Erfahrung, wie eine zunehmend komplexere Aufgabe im Team gelöst werden kann.

Turmbau im Team

Teilnehmerzahl: 6–24
Organisationsform: Gruppenarbeit
Zeitrahmen: 5–30 Min.
Ort: Raum, Außengelände
Material: z. B. Fröbelkran (Sport-creativ) oder Tower of Power (Metalog)
Schwerpunkt: Fremdwahrnehmung, Teambuilding, Kooperation, Problemlösung in der Gruppe, Konzentration
Charakteristik: motivierend, konzentriert
Positionierung: thematischer Einstieg, aktive Pause, methodische Ergänzung

Wie geht's?

Der auf den Pädagogen Fröbel zurückgehende „Fröbelkran" ist ein kooperatives Bauspiel für eine Gruppe von 6–24 Mitspielern. Inzwischen gibt es einige Variationen davon.

Das Spiel besteht aus dem Kran (eine Holzplatte mit einem Metallbügel), an dem 12 oder 24 Schnüre mit je einem Griff befestigt sind, sowie Holzklötzen mit einer seitlichen, schrägen Einkerbung.

Die Mitspieler stehen im Kreis und steuern den Kran über die gespannten Schnüre. Gemeinsam versuchen sie, die Bauklötze zu stapeln und so einen Turm zu bauen bzw. wieder abzubauen. Dies gelingt, indem sie mit ruhigen Händen den Metallbügel in die Einkerbung bewegen, einen der verteilt im Raum stehenden Bauklötze anheben und auf einem anderen möglichst mittig wieder abstellen.

In diesem Spiel sind neben einer ruhigen Hand eine gute Absprache und Kooperation gefordert, so dass der Turm entsteht. Beim Fröbelkran und einigen anderen Ausführungen lassen sich umgefallene Bausteine wieder aufrichten.

Variationen

- Es wird ein Zeitlimit vorgegeben.
- Der fertige Turm wird mit dem Kran wieder abgebaut.
- Die Bausteine werden auf einen labilen Untergrund, z. B. eine wacklige Platte gestellt.

Was kommt heraus?

Um diese Aufgabe zu lösen ist eine gute Absprache der Teilnehmerinnen notwendig. So müssen sie sich auf eine Strategie zum Aufbau des Turmes einigen. Dabei wird es Einzelne geben, die die Führungsrolle übernehmen und andere, die sich führen lassen. Diese Rollenverteilung kann im Laufe des Prozesses auch wechseln.

Wozu?

Bei der Aufgabe wird erfahrbar, dass ein gutes Zusammenspiel im Team zur Problemlösung notwendig ist. Der Turm entsteht nur, wenn alle Teilnehmerinnen mitwirken und einige die Initiative übernehmen.

Seilschaften

Teilnehmerzahl: 10 – 40
Organisationsform: Plenum (Kreisaufstellung)
Zeitrahmen: 10 – 15 Min.
Ort: Raum, Außengelände
Material: ein langes Seil
Schwerpunkt: Teambuilding, Kooperation, Konzentration, Selbstbehauptung, Risikobereitschaft
Charakteristik: lebhaft, motivierend, aktivierend, bewegt
(mit körperlicher Bewegung)
Positionierung: aktive Pause, methodische Ergänzung

Wie geht's?

Die Moderatorin bittet die Gruppe, sich in einem Kreis mit ca. 1 – 2 Meter Abstand und mit dem Gesicht nach innen aufzustellen. Zuvor hat sie ein langes (Kletter-) Seil an den Enden verknotet und dies in die Kreismitte gelegt. Die Teilnehmer nehmen sich das Seil und halten es in Bauchhöhe vor ihrem Körper. Nun wird ein Teilnehmer (A) bestimmt, der in den Innenkreis geht und die Aufgabe hat, möglichst eine Hand von einem der Teilnehmer zu berühren, die das Seil halten. Die Teilnehmer im Kreis lassen also immer dann das Seil los, wenn A nach ihnen greift. Entscheidend ist aber, dass das Seil nicht den Boden berührt, d. h. wenn A an dem Seil entlang läuft und versucht die Hände zu berühren, gilt es, das Seil loszulassen aber auch schnell wieder festzuhalten. Berührt A eine Hand, übernimmt der Berührte die Rolle von A. Berührt das Seil den Boden, wechselt die Person, die dort stand, ebenfalls in die Mitte. A darf seine Strategie auch ändern und z. B. plötzliche Richtungswechsel vornehmen. Sollte A bei einer großen Gruppe nicht zum Erfolg kommen, bekommt er Hilfe durch einen weiteren Teilnehmer.

Was kommt heraus?

„Seilschaften" ist eine aktivierende Spielform, die auflockert und bewegt. Die Teilnehmer im Außenkreis dürfen nicht zu früh und nicht zu spät loslassen und werden eine individuelle Risikobereitschaft zeigen. Sie müssen als Team arbeiten, so dass das Seil nicht den Boden berührt. Teilnehmer A im Innenkreis kann über schnelle Bewegungen oder plötzliche Richtungswechsel zum Erfolg kommen.

Wozu?

Bei der Spielform erlebt sich der Einzelne in engem Bezug zur Gruppe – er kann mal loslassen, sollte aber schnell wieder zupacken. Der im Arbeitsalltag spürbare Wechsel zwischen Anspannung und Entspannung sowie das Verhältnis des Einzelnen zur Gruppe werden anschaulich erlebt und können thematisiert werden.

Der wilde Stier

Teilnehmerzahl: 10 – 40
Organisationsform: Plenum (Kreisaufstellung)
Zeitrahmen: 10 – 15 Min.
Ort: Außengelände
Material: ein langes (Kletter-)Seil
Schwerpunkt: Fremdwahrnehmung, Teambuilding, Kooperation, Problemlösung
in der Gruppe
Charakteristik: lebhaft, motivierend, aktivierend, bewegt (mit körperlicher Bewegung), achtsamkeitsfördernd
Positionierung: aktive Pause

Wie geht's?

Der Moderator hat ein langes (Kletter-)Seil an den Enden zusammengeknotet und dies in die Kreismitte gelegt. Er bittet die Teilnehmer, sich im Kreis mit Blickrichtung nach innen aufzustellen und das Seil in Bauchhöhe vor dem Körper festzuhalten. Das Seil wird zum „Zaun" für einen wilden Stier. Nun wird ein freiwilliger Teilnehmer gesucht, der sich mit verbundenen Augen in der Kreismitte aufstellt. Er soll sich auf Anweisung des Moderators in den Stufen 1–10 wie „ein wilder Stier" bewegen, d. h. bei Stufe 1 geht er langsam, bei Stufe 10 sehr schnell. Die Gruppe im Kreis bildet eine flexible Arena und muss auf den wilden Stier reagieren. D. h. der Kreis bewegt sich so, dass der Stier möglichst immer im Kreis bzw. in der Kreismitte bleibt. Durch die Erhöhung des Tempos von Stufe 1–10 oder durch Richtungswechsel des Stiers wird die Aufgabe für die Gruppe schwieriger. Der Stier versucht im Laufe des Spiels den Rand der Arena zu erreichen, erhält aber auch den Auftrag, auf sich selbst Acht zu geben. Ein Rollenwechsel erfolgt, wenn der Stier den Zaun erreicht oder der Spielleiter den Wechsel vorschlägt. Der Moderator sollte mit dem Stier ein „Stopp" vereinbaren, wenn die Gruppe an den Rand des vorhandenen Geländes kommt oder eine Gefahr droht.

Was kommt heraus?

Die Gruppe im Kreis muss auf den „Stier" reagieren und sich gut miteinander abstimmen. Das Spiel wird schnell, sehr lebhaft, macht Spaß und fördert schnelle kommunikative Abstimmung. Der Teilnehmer, der den Stier in der Arena spielt, versucht über sein Gehör mitzubekommen, wo er sich in der Arena befindet und kann seine Aktivität langsam steigern.

Wozu?

Die Aufgabe fordert die gegenseitige Wahrnehmung und Achtsamkeit in der Gruppe. Ein bewegtes, freudvolles Miteinander sorgt für eine gute Arbeitsatmosphäre.

Ballbalance

Teilnehmerzahl: 4 – 40
Organisationsform: Gruppenarbeit
Zeitrahmen: 10 – 30 Min.
Ort: Raum, Außengelände
Material: je Gruppe einen Ball, einen Ring, sowie Seile oder Schnüre, ein Gefäß oder ein Plastikbecher, Augenbinden
Schwerpunkt: Fremdwahrnehmung, Teambuilding, Kooperation, Führen – sich Führen lassen, Problemlösung in der Gruppe, Konzentration
Charakteristik: motivierend, ruhig, konzentriert, achtsamkeitsfördernd
Positionierung: thematischer Einstieg, aktive Pause, methodische Ergänzung

Wie geht's?

Die Moderatorin bittet die Teilnehmer sich in Gruppen von 6 – 8 Personen zusammenzufinden. Die Gruppen erhalten einen Ring, einen Ball mit einem größeren Durchmesser als der Ring und pro Person eine Schnur oder ein Seil von ca. 2 Metern. Die Moderatorin stellt nun die Aufgabe, aus dem Material eine Konstruktion zu bauen, mit der sie den Ball – ohne ihn auf dem Weg zu berühren – über eine zuvor festgelegte Strecke durch die Luft transportieren sollen. Am Ziel wird der Ball dann entweder in ein Gefäß oder noch besser auf einem Gefäß (Becher oder Flasche) abgelegt. Die Ablagefläche ist von der Ballgröße abhängig.
In einem zweiten Durchgang werden jedem Zweiten in der Gruppe während des Balltransports die Augen verbunden, so dass er sich beim Transport und beim Ablegen des Balles auf die Hinweise seiner Gruppenmitglieder verlassen muss.

Was kommt heraus?

Zunächst findet die Gruppe eine Lösung für den Balltransport und stellt ihr Transportmittel her. Die Teilnehmer der Gruppe müssen sich gut abstimmen, um den Ball zum Ziel zu bringen. Die Herausforderung wird im zweiten Durchgang gesteigert, denn die Sehenden müssen sich in die „Blinden" einfühlen und ihr Tempo und ihre verbalen Hinweise anpassen.

Wozu?

Die Teilnehmer erfahren spielerisch, welche Schritte im Prozessablauf nötig sind. Die Einzelmaterialien werden zu einem Gerät zusammengefügt, um mit diesem Gerät die Aufgabe zu erfüllen. Dabei sind in der Gruppe Absprachen zu treffen sowie die unterschiedlichen Voraussetzungen und Möglichkeiten der Gruppenmitglieder zu berücksichtigen.

Murmelbahnvariationen

Teilnehmerzahl: 4 – 40
Organisationsform: Gruppenarbeit
Zeitrahmen: 15 – 30 Min.
Ort: Raum
Material: Je Gruppe 5 Hohlkehlleisten, Murmeln, Klebeband, Dose oder Tasse,
Bausteine oder Bücher zum Unterlegen. Alternativ: je Gruppe 6 – 8 Heulrohre,
Verbindungsstücke, Klebeband oder Schnüre
Schwerpunkt: Prozessverständnis, Teambuilding, Kooperation, Problemlösung in
der Gruppe,
Charakteristik: motivierend, konzentriert
Positionierung: aktive Pause, thematische Vertiefung

Wie geht's?

Murmelbahnen sind enorm vielfältig und als Gruppenaufgabe sehr attraktiv. Dieser Vorschlag ist ein weiterer Beleg dafür. In einem Baumarkt werden dazu Holzprofilleisten (Hohlkehlleisten) besorgt, die auf der Unterseite stabil aufliegen und
auf der Oberseite eine Form haben, so dass Murmeln darüber laufen können. Im
Baumarkt haben sie z. B. eine Länge von ca. 2,10 Meter. Ideal ist es, wenn diese
Leisten halbiert werden und je Gruppe mindestens 5 Leisten vorhanden sind. Diese Bahnen können mit Holzbausteinen, Büchern oder anderem vorhandenen Material, das man unterlegt, das notwendige Gefälle bekommen. Ein Klebeband kann
zur Stabilisierung beitragen. Sehr gut eignen sich auch biegbare Plastikschläuche
oder Heulrohre.
Je Gruppe sollten 4 – 6 Personen zusammenwirken. Jede Gruppe sucht sich im
Raum einen geeigneten Platz. Die Aufgaben könnten wie folgt lauten: „Versuchen
Sie mit dem Material eine möglichst interessante (alternativ: kurvige, lange, …)
Bahn zu bauen." Am Ziel sollten die Murmeln in eine Dose oder Tasse rollen und
so ein Geräusch verursachen.
Diese Bahn kann auch sehr gut im Außengelände entstehen. Ein Baum oder eine
Wiese mit Gefälle dienen als Ausgangspunkt, eine paar Steine oder Holzstücke
können geeignete Hilfsmittel sein.

Variationen

- Ein langer Schlauch, der aus einigen Heulrohren (Schleuderhörner) und selbst
  gefertigten Zwischenstücken zusammengesetzt wird, dient als Murmelbahn.
  Sie wird an einem möglichst hohen Ausgangspunkt, der genug Gefälle hat, mit
  Schnüren oder Klebeband befestigt. Die Heulrohre lassen sich so biegen, dass
  sie um Pfeiler, Pinnwände oder Stühle geführt werden können.

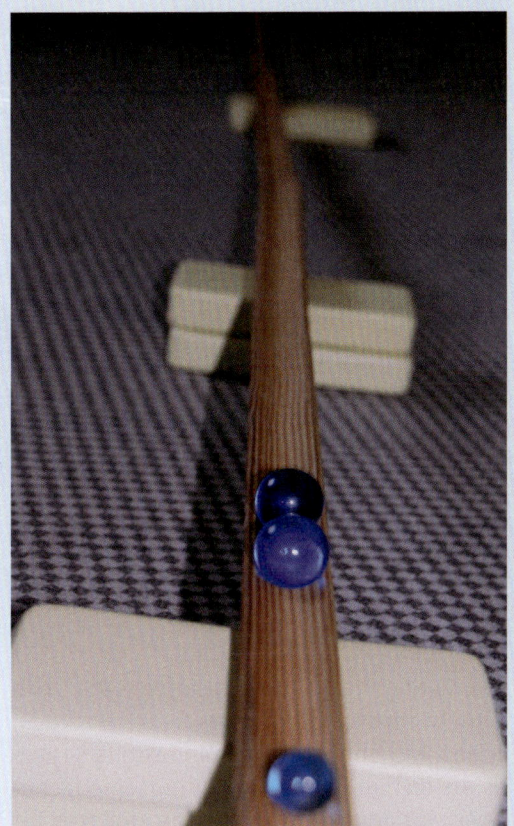

- Die Gruppen erhalten verschieden lange Röhren aus Kunststoff und Papier sowie Leisten aus Holz, außerdem Klebeband. Diese verschiedenen Materialien sollen zu einer funktionierenden Bahn zusammengesetzt werden.

Was kommt heraus?

Die Gruppenmitglieder müssen sich absprechen, wie sie die Aufgabe angehen wollen und die entsprechenden Aufgaben verteilen. Im Team werden einige Mitglieder stärker führen und andere sich führen lassen. Erste Lösungen werden möglicherweise hinterfragt und neue Lösungen gesucht. Es wird deutlich, dass jede Gruppe eine eigene Lösung finden kann.

Wozu?

Die Aufgabe kann ein Beitrag zum Teambuilding sein. Es geht um eine gemeinsame Lösungssuche und um Achtsamkeit im Umgang mit den Gruppenmitgliedern. Bisher verborgene Kompetenzen werden am Anderen entdeckt („ein guter Konstrukteur", „ein kreativer Kopf"). Es wird deutlich, dass es viele Wege zum definierten Ziel geben kann.

Die Leonardo-Brücke

Teilnehmerzahl: 4–24
Organisationsform: Gruppenarbeit
Zeitrahmen: 30–45 Min.
Ort: Raum
Material: mindestens 8 Leisten, besser ist ein Set mit 44 Leisten je Gruppe, wie es z. B. vom „Tischlerschuppen" in 375 mm × 30 mm × 6 mm angeboten wird.
Schwerpunkt: Prozessverständnis, Prozessmanagement, Teambuilding, Kooperation, Zielfindung, Problemlösung in der Gruppe, Konzentration
Charakteristik: motivierend, ruhig, konzentriert
Positionierung: thematischer Einstieg, thematische Vertiefung, methodische Ergänzung

---

Wie geht's?

Die Leonardo-Brücke (siehe Fotos rechts) wird ohne Nägel, Schrauben oder Seile gebaut. Diese Bogenkonstruktion geht auf Leonardo da Vinci (1452–1519) zurück, der sie erwähnt und gezeichnet hat. Für den Bau benötigt man mindestens 8 Holzleisten (einfachste Form). Diese gibt es als fertige Bausätze in unterschiedlicher Größe und Ausführung, mit kleinen Hölzern für den Tisch oder etwas größeren für den Boden.

Für eine Lösungssuche stellt die Moderatorin der Gruppe das Material zur Verfügung und bittet sie, eine Lösung für eine Brücke zu entwickeln. Von der Gruppe können natürlich auch ganz andere Brücken entwickelt werden. Die Aufgabe ist auch interessant, wenn den Gruppen Leonardos Zeichnung als Hilfe zur Verfügung steht und sie gemeinsam eine Brücke bauen sollen, unter der eine Person hindurch kommt.

Im Internet finden Sie unter dem Stichwort „Leonardo Brücke" weitere Zeichnungen und Filmbeispiele zur Konstruktion.

Was kommt heraus?

Die Teilnehmerinnen werden in ihre Gruppe Ideen einbringen, Lösungsvorschläge machen, manches ausprobieren und anderes verwerfen. Der Prozess des Suchens, der Umgang mit den eigenen Ideen und den Vorschlägen anderer führt zu intensiver Kommunikation. Auf der Suche nach dem Ziel wird im Team eine gute Kooperation gefordert – auch dann, wenn die grundsätzliche Lösung gefunden wurde.

Wozu?

Wird der Prozess der Lösungssuche und Kommunikation während der Aufgabe mit Hilfe des Moderators reflektiert, gibt es durchaus Ansatzpunkte für eine Übertragung in alltägliche berufliche Prozesse. Dies kann zu einem tieferen Verständnis alltäglicher Abläufe beitragen. Zudem ist die „Brücke" eine gute Metapher für manche Herausforderung, gerade im kommunikativen Bereich.

Luftballontennis

Teilnehmerzahl: 4 – 40
Organisationsform: Partnerarbeit, Gruppenarbeit
Zeitrahmen: 5 – 10 Min.
Ort: Raum, Außengelände
Material: Schleuderhorn je Teilnehmer, Luftballon je Paar
Schwerpunkt: Selbstwahrnehmung, Fremdwahrnehmung, Selbstbehauptung,
Charakteristik: aktivierend, bewegt (mit körperlicher Bewegung)
Positionierung: aktive Pause

Wie geht's?

Luftballontennis ist ein aktivierendes Spiel für die Pause und lässt sich gut in Seminarräumen spielen, in denen Platz vorhanden ist. Im Außengelände lässt es sich
spielen, wenn Windstille herrscht.
Für das Spiel erhält jeder Mitspieler vom Moderator ein Schleuderhorn und jedes
Paar einen Luftballon. Das Schleuderhorn wird so gebogen, dass die Spieler beide Enden in der Hand halten und so einen Schläger formen. Nun spielen sich die
beiden Partner den zuvor aufgepusteten Ballon mit Hilfe der Schläger zu. Dabei
darf der Ballon auch mit großer Wucht gespielt werden, denn er beschleunigt sich
nicht so, dass es gefährlich werden könnte. Haben sich die Paare etwas einge-
spielt, können sie sich auch in 4er-Gruppen oder 6er-Gruppen zusammenfinden,
um dann einen, zwei oder drei Ballons in ihrer Mitte in Bewegung zu halten.

Variation

Natürlich kann das Zuspielen auch in ein Spiel gegeneinander verwandelt werden. Dazu werden z. B. Tische quer gestellt oder Schnüre gespannt und Spielfelder
markiert. Diese Variante nimmt mehr Zeit in Anspruch und weckt nicht selten den
sportlichen Ehrgeiz.

Was kommt heraus?

Alle Teilnehmer kommen spielerisch in Bewegung und werden aktiv. Die Spielform
ist einfach und motivierend, so dass auch „Nichtsportler" gut mitspielen können
und Erfolgserlebnisse haben. Es kann eine lockere Form der Begegnung und des
Miteinanders entstehen, aber auch sportlicher Ehrgeiz kann sich entwickeln.

Wozu?

Die spielerische Begegnung eröffnet eine neue Wahrnehmung der Seminarteilnehmer und sorgt für Abwechslung und Frische in der Pause.

NSA – telefonieren und abhören

Teilnehmerzahl: 8 – 20
Organisationsform: Gruppenarbeit, Plenum
Zeitrahmen: 10 – 15 Min.
Ort: Raum, Außengelände
Material: Schleuderhorn je Teilnehmerin, evtl. Verbindungsstück je Teilnehmerin
Schwerpunkt: Fremdwahrnehmung, Teambuilding, Kooperation, Konzentration
Charakteristik: motivierend, ruhig, konzentriert, achtsamkeitsfördernd
Positionierung: thematischer Einstieg, aktive Pause, Workshop/Seminarende

Wie geht's?

Zur Vorbereitung von „NSA – telefonieren und abhören" erhält jede Teilnehmerin
von der Moderatorin ein Schleuderhorn. Dann wird die Gruppe gebeten, sich so
im Kreis aufzustellen, dass jede Teilnehmerin zwei Schleuderhörner zusammen-
hält, damit eine geschlossene Leitung entsteht. Dies gelingt gut, wenn jede Teilnehmerin an der Nahtstelle eine Hand um die beiden Röhren legt. Falls Verbin-
dungstücke vorhanden sind, könnten diese zusätzlich für die Verbindung genutzt
werden. Die Moderatorin unterbricht die Leitung an einer Stelle und bittet nun
eine der Teilnehmerinnen, eine deutliche Botschaft in die Leitung zu flüstern, die
die Teilnehmerin am anderen Ende erlauschen soll, um dann durch die Leitung zu
antworten. Die anderen Teilnehmer im Kreis sollten sich ruhig verhalten und versuchen, als Spione etwas mitzuhören, allerdings ohne die Leitung zu stören. Nach
einem kurzen Gespräch wird die Leitung an der Stelle geschlossen und an einer
anderen Stelle geöffnet, so dass die Nächsten telefonieren können.
Je nach Seminarzusammenhang kann dabei ein Thema des Tages aufgenommen
werden. So könnte eine Frage-Antwort-Aufgabe gestellt werden oder es dient dem
besseren Kennenlernen der Seminarteilnehmerinnen.

Variation

Bei der gleichen Aufstellung im Kreis gibt die Moderatorin, die in diesem Fall mit-
spielt, nach und nach einige Murmeln in die Leitung, die im Kreis weiterbewegt
werden sollen. So entsteht eine La Ola – also die Welle, um die Murmeln im Kreis
weiterrollen zu lassen. Gelingt dies der Gruppe gut, bittet die Moderatorin die Teilnehmerinnen die gleiche Aufgabe mit geschlossenen Augen zu lösen.

Was kommt heraus?

Für die Teilnehmerinnen entsteht eine lockere, aber ungewöhnliche Kommunika-
tionssituation, die sie auf individuelle Art bewältigen können. Humor und Impro-
visationsgabe sind hier nicht von Nachteil, aber keine Voraussetzung. Ruhe und
Konzentration sind notwendig, so dass die Botschaften ankommen. Für die Teil-

nehmerinnen ist es faszinierend, wie gut die Nachrichten durch die Leitung übertragen werden. Natürlich kann es auch zu lustigen Missverständnissen kommen.
Auch die eine oder andere Spionin wird etwas mithören.

Wozu?

Das Team oder die Gruppe steht im Kreis und ist durch die Leitung verbunden.
Die einzelnen Teilnehmerinnen werden von der Gruppe wahrgenommen und kom-
munizieren nach dem Zufallsprinzip mit einer anderen Teilnehmerin. Die La Ola-
Murmelbahn ist ein anschauliches Gemeinschaftserlebnis.

Prozesskette

Teilnehmerzahl: 8 – 25
Organisationsform: Gruppenarbeit
Zeitrahmen: 10 – 15 Min., abhängig von Gruppengröße und Anzahl der Durch-
gänge
Ort: Raum, Außengelände
Material: 3 Bälle, die unterschiedlicher Größe und Art sein sollten (müssen je-
doch für jeden Teilnehmer zu werfen und zu fangen sein); Stoppuhrfunktion
Schwerpunkt: Prozessverständnis, Prozessmanagement
Charakteristik: lebhaft, motivierend
Positionierung: zum Einstieg in Themen wie Prozessmanagement, Qualitätsma-
nagement, Optimierung interner Prozesse

Wie geht's?

Der Moderator bittet die Teilnehmer, einen lockeren Kreis im Stehen zu bilden.
Abhängig von der Gruppengröße und den räumlichen Bedingungen kann dieser
Kreis zu einer Ellipse werden (was nicht schlimm ist).
Die Aufgabe für die Teilnehmer ist es, einen Ball von Teilnehmer zu Teilnehmer zu
werfen. Dabei muss der Ball einem weiter entfernt stehenden Teilnehmer zuge-
worfen werden, er darf nicht einfach nur an den nächststehenden Nachbarn weiter
gereicht werden.
Der Moderator steht etwas außerhalb des Kreises, aber räumlich zwischen 2 Teilnehmern. Er könnte die Übung wie folgt einleiten:

> „Wir wollen uns mit einem etwas ungewöhnlichen Einstieg auf das Thema ‚Pro-
> zesse und Prozessmanagement' einstellen. Ich bitte Sie zunächst, diesen Ball
> (hält einen Ball hoch, z. B. Volleyball) einander zuzuwerfen. Dabei darf der Ball
> nicht einfach nur an den Nächsten weitergegeben werden, sondern muss ei-
> nem weiter entfernt stehenden Teilnehmer zugeworfen werden. Dieser fängt
> den Ball und wirft ihn dem Nächsten zu. Kein Teilnehmer darf den Ball mehr als
> einmal erhalten, Sie müssen also darauf achten, wer den Ball schon hatte und
> wer nicht. Bitte sehr!" (gibt den Ball der Person, die ihm am nächsten steht).
> (Die Ballstafette beginnt, der Moderator achtet darauf, dass die Regeln einge-
> halten werden.)
> Sobald der Ball wieder bei der ersten Person angekommen ist, sagt der Mode-
> rator:

„Das war schon mal sehr gut. Jetzt wollen wir mal sehen, wie lange das dauert. Bitte lassen Sie den Ball über exakt dieselbe Prozesskette wie soeben laufen, ich nehme die Zeit. Auf die Plätze – los!" (Ballstafette startet, Moderator nimmt die Zeit.)

Die Ballstafette läuft, kurz vor Erreichen der letzten Station ruft der Moderator dazwischen:

„Ja, Sie sind schnell, aber lassen Sie mal direkt einen zweiten Durchlauf folgen, mal sehen, ob der nochmals schneller wird."

Der Moderator ruft die Zeit für den ersten Durchlauf dazwischen und nennt anschließend die Zeit für den zweiten Durchgang, die in aller Regel kürzer ist als beim ersten Durchlauf.

„Nicht schlecht, aber versuchen Sie bitte, diese Zeit nochmals zu unterbieten. Sie wissen ja, wie das ist: Irgendwann kommt jemand auf die Idee, dass ein Prozess schneller werden muss."

Die Ballstafette startet erneut und ist in der Regel nochmals schneller als zuvor; nach den ersten 3 Stationen ruft der Moderator dazwischen:

„Sehr gut, das ist wirklich schneller, aber da geht noch mehr. Jetzt läuft zusätzlich ein zweiter Ball durch, über denselben Weg, bitteschön!"

Der Moderator gibt dem ersten Teilnehmer den zweiten Ball, z. B. ein Tennisball; die Teilnehmer sind überrascht, manchmal kommt es zu Fehlern aufgrund der Ablenkung.

Sobald beide Bälle wieder am Ziel sind, sagt der Moderator:

„Mit dem zweiten Ball haben wir Ihre Leistung sofort verdoppeln können. Denn nun waren Sie ein zweites Mal gefordert. Im echten Leben reicht das jedoch nicht immer, da kann es schon mal zu weiteren Effizienzsteigerungen kommen. Deshalb geht es jetzt so weiter: Wir starten wieder mit dem ersten Ball, der nach Erreichen der 3. Station vom 2. Ball verfolgt wird. Mit dem zweiten Ball startet gleichzeitig dieser 3. Ball (zeigt den 3. Ball, z. B. einen aufblasbaren Kinderwasserball), der jedoch bei Ihnen als letztem Akteur startet – und zwar in entgegengesetzter Richtung. Das klappt nicht immer auf Anhieb optimal, weshalb wir gleich 2 oder 3 Durchgänge hintereinander laufen lassen. Achten Sie bitte auf meine Ansagen. Alles klar? Dann los."

Ballstafetten wie zuvor; spätestens während des zweiten Durchlaufs geht der Moderator zu einem der Teilnehmer und zieht ihn aus dem Kreis, dabei ruft er laut: „Sie müssen leider ausscheiden, auf Sie wartet eine andere Aufgabe."

In der Regel bricht damit alles zusammen, ein guter Moment, um diesen Übungsabschnitt zu beenden. Der Moderator bedankt sich bei den Teilnehmern und bittet sie, noch einen Moment stehen zu bleiben. Er fragt:

„Was ist Ihnen aufgefallen?"

Die Teilnehmer äußern in der Regel Beobachtungen wie: „wurde hektisch", „war überrascht", „war wie im Leben, sobald etwas gut funktioniert, kommt jemand und bringt es durcheinander" etc.

Der Moderator sollte, während sich die Teilnehmer noch im Stehkreis befinden, auf einem Flip-Chart notieren, welche Maßnahmen für einen fehlerfreien, schnell ablaufenden und alle Ressourcen gut nutzenden Prozess hilfreich sind. Mögliche Nennungen sind erfahrungsgemäß: Absprachen, Routinen, Training, keine unkoordinierten Impulse aus allen Richtungen, persönliche Überforderung vermeiden. Ohne allzu pädagogisch zu werden, sollte der Moderator auf die Parallelen hinweisen, die sich gegenüber den realen Prozessen einer Organisation ziehen lassen (falls atmosphärisch geboten, mit leichter Ironie aufgefordert: „selbstverständlich nicht in Ihrer Organisation"). Die Übung kann gerade auch Führungskräfte für eine realistische Sicht auf Prozesse und deren Ausführung sensibilisieren.

Was kommt heraus?

Prozesse funktionieren, wenn sie klar definiert und mit angemessenen (Zeit-)Ressourcen ausgestattet sind. Insofern passt dieses Spiel als vitalisierender Impuls besonders gut zu Workshops, die mit Prozessmanagement zu tun haben.

Wozu?

Die Teilnehmer erkennen die Bedeutung von klarer Adressierung, von Absprachen und rascher Erledigung der persönlichen Aufgaben, damit ein Gesamtprozess schnell und fehlerfrei funktioniert.

Ei-Protect – ein Klassiker in Bildern

Teilnehmerzahl: 4–40
Organisationsform: Gruppenarbeit
Zeitrahmen: 45 Min.
Ort: Raum, Außengelände
Material: 1 rohes Ei, 2 Luftballons, 1 Bogen Zeitungspapier, 1 Bogen Packpapier oder Geschenkpapier, 6 Meter Schnur, 4 Klebestreifen, themen- und jahreszeitbezogenes Material (z. B. in der Adventszeit ein paar Tannenzweige)
Schwerpunkt: Problemlösung, Teambuilding
Charakteristik: kommunikativ, motivierend
Positionierung: Thematische Vertiefung, aktive Pause

Wie geht's?

Die Teilnehmerinnen finden sich in Gruppen zu 3–5 Personen und erhalten das oben beschriebene Material. Sie erhalten den Auftrag, mit Hilfe des Materials eine Verpackung herzustellen, die es erlaubt, das Ei aus 1–3 Meter Höhe fallen zu lassen, ohne dass es kaputt geht. Der Flug der Eier soll mit einer kleinen Geschichte präsentiert werden. Die Funktion, das Design und die Präsentationsform der Gruppen werden von den anderen Gruppen mit Applaus gewürdigt.

Die Lösungssuche 1

Die Lösungssuche 2

Ei-Protect – ein Klassiker in Bildern

Die Ergebnisse

Die Erfolgskontrolle

Assemblage

Teilnehmerzahl: 4 – 20
Organisationsform: *Gruppenarbeit*
Zeitrahmen: 10 – 20 Min.
Ort: *Raum; Außengelände*
Material: *zahlreiche und vielfältige, möglichst unterschiedliche Gegenstände mit symbolischem Potential; ausreichend große Papier- bzw. Textilunterlage*
Schwerpunkt: *Selbstwahrnehmung, Fremdwahrnehmung artikulieren; Teambuilding*
Charakteristik: *ruhig; konzentriert; achtsamkeitsfördernd*
Positionierung: *zum Einstieg in Fragestellungen zu Selbstwahrnehmung – Fremdwahrnehmung, Teambuilding; Workshop-Ende; Feedbackrunden*

Wie geht's?

1. Auswahl im Vorfeld
   Der Moderator muss zunächst im Vorfeld eine Sammlung (Assemblage) von möglichst unterschiedlichen Gegenständen (z. B. Alltagsgegenstände und Comicfiguren) aus allen möglichen Kategorien zusammenstellen. Einige der Gegenstände könnten eine Verbindung zum Workshop-Thema haben, doch sollte dies nicht allzu offensichtlich sein. Es hat sich bewährt, einige Objekte mit Heiterkeitswert hinzuzunehmen, doch sollte deren Anteil nicht allzu hoch sein, um die Übung nicht zu entwerten. Bei der Auswahl der Gegenstände sollte auf die Transportmöglichkeiten geachtet werden.

2. Vorbereitung im Workshop
   Zur Vorbereitung der eigentlichen Übung sollten 10 – 15 Minuten einkalkuliert werden, in denen der Moderator allein im Raum bzw. im Gelände ist. Sichtbar getrennt von den Sitzplätzen der Teilnehmer wird eine Papier- oder Textilunterlage ausgebreitet, auf der die verschiedenen Gegenstände ausgelegt werden. Durch diese Unterlage wird eine gewisse künstlerische Anmutung erzeugt, die die Assemblage vom „normalen" Boden abgrenzt.

3. Die eigentliche Intervention
   Nachdem die Teilnehmer den Raum betreten haben, erfolgt die Erklärung. Diese hängt thematisch von der Positionierung der Übung ab. Dieses Beispiel setzt einen Teambuilding-Workshop voraus, an dem 12 Personen beteiligt sind. Der Moderator könnte die Intervention wie folgt erläutern:
   „Sie sehen hier vorn eine Reihe sehr unterschiedlicher Gegenstände. Sobald ich Ihnen gleich ein Zeichen gebe, bitte ich Sie, aufzustehen und sich diese Gegenstände genau anzusehen. Suchen Sie sich bitte einen Gegenstand aus, der gut zu Ihrer aktuellen Stimmung passt. Gehen Sie dazu lang-

sam um diese Assemblage herum und schauen Sie, welcher Gegenstand Ihre aktuelle Stimmung besonders gut symbolisiert. Aber nehmen Sie den Gegenstand nicht einfach auf, sondern merken sich diesen, denn vielleicht hat sich auch jemand anderes genau diesen Gegenstand ausgesucht. Bleiben Sie dabei für sich und tauschen sich nicht mit den Anderen aus.
Sobald Sie Ihren Gegenstand gefunden haben, setzen Sie sich bitte wieder hin."
Sobald alle Teilnehmer wieder Platz genommen haben:
„Nun soll gleich die oder der Erste aufstehen, sich seinen oder ihren Gegenstand nehmen, damit zum Platz zurückkehren und erläutern, wofür der Gegenstand steht, also für welche aktuelle Stimmung. Erläutern Sie auch, weshalb es genau dieser Gegenstand ist, den Sie gewählt haben. Anschließend bringen Sie den Gegenstand wieder zurück und der Nächste ist an der Reihe. (...)"

Entsprechend können weitere Symbolisierungen anhand der einzelnen Gegenstände der Assemblage abgerufen werden. Einige Beispiele: „Wählen Sie den Gegenstand aus, der …

- … etwas Persönliches über Sie aussagt bzw. symbolisiert, das die Anderen noch nicht wissen;

- … die Eigenschaft am besten symbolisiert, die Sie an Ihrem linken Nachbarn am meisten schätzen;

- … die Eigenschaft am besten symbolisiert, die für die Team-Koordination am wichtigsten ist;

- … Ihren Wunsch für das Workshop-Ergebnis am besten symbolisiert;

- … das für Sie wichtigste Ergebnis dieses Workshops symbolisiert.“

Variation
Außer Gegenständen können auch aussagefähige Fotos oder andere Abbildungen, aktuelle Medien der betroffenen Organisation o. ä. verwendet werden: Der Phantasie sind nur wenige Grenzen gesetzt.

Was kommt heraus?
Die Teilnehmer finden aus ungewöhnlichen Perspektiven neue Beschreibungen für sich selbst und für andere Personen. Das eröffnet die Chance, eventuell vorhandene Konflikte aufgrund unausgesprochener Zuschreibungen und Wahrnehmungsmuster aufzulösen. Die Intervention ist ebenfalls für das Ende eines Workshops, für Feedback-Runden o. ä. geeignet.

Wozu?
Mit einer möglichst bunten Assemblage, also einer Zusammenstellung höchst unterschiedlicher Objekte (z. B. Alltagsgegenstände, Comicfiguren, Steine, Holzstücke etc.), lassen sich ungewöhnliche Auslöser für die Kommunikation von Selbst- oder Fremdwahrnehmung nutzen. Diese Intervention fördert außerdem genaues Hinschauen, Nachdenklichkeit und Achtsamkeit.

Nachwort

„Sinn" und „Sinne" aus unterschiedlichen Perspektiven

In diesem Praxisbuch werden unterschiedliche Perspektiven einer Bedeutungsgebung der Sinne zusammengeführt, die nachfolgend im Einzelnen kurz betrachtet werden.

„Sinn" und „Sinne" aus physiologischer Sicht: ein Überblick

Die Sinne werden auch als „Tor zur Welt" bezeichnet. Sie stellen nicht nur für die menschliche Lebensqualität, sondern auch für alle sozialen und zwischenmenschlichen Prozesse einen Zugang dar. Dies bezieht auch betriebliche Phänomene ein. Der „umsichtige Mitarbeiter", die „weitblickende Führungskraft", die „aufmerksame Kollegin" werden im Allgemeinen gerne als Mitarbeiterin akzeptiert. Solche Attribute zeigen an, wie bereits die sprachliche Fassung von Sinnesqualität (um-*sichtig*; weit-*blickend*) durchsetzt ist, die wiederum zu positiver Wahrnehmung führt.

Aus psychologischer Sicht kann Wahrnehmung als die Summe der Schritte Aufnahme, Interpretation, Auswahl und Organisation von sensorischen Informationen bezeichnet werden – und zwar nur jener Informationen, die zum Zwecke der Anpassung des Wahrnehmenden an die Umwelt oder zur Veränderung selbiger aufgenommen werden. So gesehen sind also nicht alle Sinnesreize Wahrnehmungen, sondern nur genau jene, welche geistig auch verarbeitet werden.

Im engeren biologischen Sinne ist Wahrnehmung eine Funktion, die es einem Organismus mit Hilfe seiner Sinnesorgane ermöglicht, Informationen (Reize) über die körpereigenen Sensoren aufzunehmen und zu verarbeiten.

Ungeachtet der Vollständigkeit dieser Auffassungen lassen sich folgende Aussagen zur Beschreibung von Wahrnehmung herausstellen:

- Wahrnehmung ist das Ergebnis des Prozesses, bei dem das Individuum aus der Vielzahl aufgenommener Sinnesinformationen aus dem Körperinneren oder der Umwelt eine Auswahl trifft, die es ihm ermöglicht, sich in seiner Umwelt zurechtzufinden und angemessen zu handeln. Grundsätzlich lassen sich vier Funktionen der Wahrnehmung benennen:
  - Schutzfunktion,
  - Erkennungsfunktion,
  - Erinnerungsfunktion und
  - Kommunikationsfunktion.

  Weiter unten findet sich ein kurzer Abriss aus wissenssoziologischer Perspektive, der auf einer vergleichbaren Ausgangsüberlegung beruht.

- Die Anzahl der Informationen wird in „sinnvoller" Weise auf die relevanten, bedeutsamen Informationen reduziert – ein Vorgang, der seinen Ausgangspunkt im Sinnesorgan selber hat und sich anschließend in mehreren Stufen im Gehirn vollzieht. Der größte Teil der physiologisch beschreibbaren Vorgänge ist unbewusst.

- Wahrnehmung wird subjektiv beeinflusst und verändert. Wahrnehmungsleistungen sind also immer auch vor dem individuellen Hintergrund des jeweiligen Menschen zu betrachten. Dieser kann von unterschiedlichen Faktoren beeinflusst sein, z. B. dem Zustand des Organismus (Hunger, Müdigkeit, Stress, Krankheit, Drogen etc.), der emotionalen Befindlichkeit, von biologischen Gegebenheiten, von Erfahrungen, von Voreinstellungen und Vorurteilen.

Ein kurzer Überblick über die Wahrnehmungssysteme

„Der hat seine Sinne beisammen", kann das Urteil in Bezug auf einen aufmerksamen Menschen lauten. Aber welche und wie viele Sinne sind es denn? Diese Frage wird je nach Betrachtungsweise unterschiedlich beantwortet. Physiologisch nachweisbar sind folgende 7 Sinne.

Die **vestibuläre Wahrnehmung** ist für die Gleichgewichtsregulation des Körpers verantwortlich. Das Gleichgewichtsorgan befindet sich im knöchernen Labyrinth des Innenohrs. Es reagiert auf die Schwerkrafteinwirkung und die Bewegung sowie Lage des Körpers im Raum. Die Wahrnehmung und Bewältigung der Physik unserer Erde, insbesondere der Fliehkraft und der Schwerkraft, ist eine unserer Lebensgrundlagen. Unser Leben ist geprägt von ständigen Auseinandersetzungen mit Fliehkraft und Schwerkraft, den wesentlichen physikalischen Kräften dieser Erde. Mit einem Lot regulieren Bauarbeiter seit Jahrhunderten die Senkrechte eines Bauwerkes und schaffen damit eine wichtige Voraussetzung für seinen langfristigen Bestand. Sie nutzen dabei die Schwerkraft aus, die als Grundkraft dieser Erde in diesem Fall hilft, im anderen Fall den Menschen vielleicht ermüdet, auf jeden Fall aber eine Grundlage unseres Lebens darstellt. „Befindlichkeit" kommt von „sich befinden". Wo, an welcher Position in der physischen Welt, sind wir eigentlich? Die sensomotorische Kontrolle von Flieh- und Schwerkraft, die Fähigkeit, trotz dieser Kräfte ein individuelles Gleichgewicht und damit den aufrechten Gang bzw. einen sicheren Stand (man denke an den „Standpunkt") herstellen zu können, bietet einen wesentlichen Hintergrund für unsere psychische Befindlichkeit. Nicht von ungefähr steckt hinter der Kurzfrage: „Alles im Lot?" oftmals die Frage nach der persönlichen Befindlichkeit „Wie geht es Dir?", oder hoffend „Geht es Dir gut?" (vgl. Lensing-Conrady 2001).

Die Gleichgewichtsregulation ist ein sehr komplexer Vorgang, an dem mehrere Sinne beteiligt sind. Umgekehrt beeinflusst die vestibuläre Wahrnehmung auch die Funktionsfähigkeit der anderen Sinne. So ist sie an der Kontrolle der Augenbewegungen beteiligt sowie an der Verarbeitung auditiver Informationen.

Die **kinästhetische/propriozeptive Wahrnehmung** beschreibt die Wahrnehmung der Bewegungen des eigenen Körpers oder einzelner Körperteile sowie die Positionierung der Körperteile zueinander. In der Literatur werden beide Begriffe benutzt: Kinästhesie bedeutet „Bewegungsempfindung", Propriozeption „Eigen-wahrnehmung". Der Einfachheit halber wird im Folgenden der Ausdruck proprio-zeptive Wahrnehmung verwendet.

Propriozeptoren befinden sich in Muskeln, Sehnen und Gelenken. Sie informie-ren über Beugung und Streckung der Muskeln sowie über die dabei auftretenden Spannungsverhältnisse. Zusammen mit der taktilen und vestibulären Wahrneh-mung trägt die propriozeptive Wahrnehmung zur Entwicklung und Aufrechterhal-tung des Körperschemas bei.

Dieser Sinn ist für „die Wahrnehmung unserer selbst unerlässlich. Nur durch die Eigenwahrnehmung sind wir nämlich in der Lage, unseren Körper als zu uns gehö-rig, als unserer Eigentum, als uns selbst zu erleben" (Sacks 1990, 69 f.).

Die **taktile Wahrnehmung** reagiert auf Informationen, die über die Haut empfangen werden (Druck, Berührung, Temperatur, Schmerz). Das taktile System ist bei der Geburt bereits voll funktionsfähig und spielt bei der Entwicklung anderer Wahr-nehmungsleistungen eine wichtige Rolle. Die Differenzierung von Berührungsin-formationen trägt dazu bei, dass der Mensch eine immer genauere Vorstellung seines eigenen Körpers erhält und die unterschiedlichen Qualitäten von Dingen und Gegenständen in seiner Umwelt unterscheidet.

Darüber hinaus bildet die Haut ein wesentliches Medium der Kontaktaufnahme und Kommunikationsmöglichkeit. Über die Haut nimmt der Mensch Informationen aus seiner Umwelt auf und gibt Berührungen eine entsprechende Bedeutung. Da-rüber vermittelte Gefühle wie Vertrauen, Geborgenheit, Wärme oder auch Ableh-nung sind Teil psychisch-emotionaler Empfindung sowie unserer Begegnung mit anderen Menschen.

Die **gustatorische Wahrnehmung** ermöglicht es dem Menschen, unterschiedliche Geschmacksrichtungen zu unterscheiden (süß, sauer, salzig, bitter) und in ihrer Kombination einander zuzuordnen. Dabei ist der Geschmackssinn stark auf die in-tersensorische Vernetzung mit dem Geruchssinn angewiesen, um eine gute Funk-tion zu gewährleisten.

Die **olfaktorische Wahrnehmung**, unser Geruchssinn, ist nicht nur von äußeren Umständen abhängig (Reizstoff, Reizintensität etc.), sondern auch von der mo-mentanen Verfassung und Empfindlichkeit der Person. Nicht nur nehmen verschie-dene Personen Gerüche unterschiedlich wahr; auch kann ein und dieselbe Person denselben Geruch an verschiedenen Tagen unterschiedlich wahrnehmen.

Die **visuelle Wahrnehmung** ist als „Fernwahrnehmung" ein dominanter Wahr-nehmungskanal, was durch verschiedene Einflüsse unserer modernen Welt noch verstärkt wird. Der weitaus größte Teil der von außen kommenden Informationen wird über die Augen aufgenommen: Helligkeit und Dunkelheit, Schatten und Licht sowie das gesamte Farbenspektrum.

Die **auditive Wahrnehmung** ist zuständig für die Wahrnehmung von Klängen und Schallwellen. Das Gehör hat maßgeblichen Anteil an unserer Raumorientierung, der Kommunikation und Verständigung. Ein großer Teil der auditiven Wahrnehmungen dringt nicht in unser Bewusstsein und beeinflusst doch unsere Selbstwahrnehmung und Befindlichkeit.

Wahrnehmungsverarbeitung

Wahrnehmung ist die Voraussetzung für Reaktionen, für Kommunikation und Auseinandersetzung des Menschen mit sich und seiner Umwelt. Neben den dominierenden visuellen Reizen (Sehen) sind es auditive (Hören), vestibuläre (Gleichgewicht), taktile (Hautempfinden, Körperkontakt), kinästhetische/propriozeptive (Druck/Zug auf Gelenke, Muskeln, Sehnen), olfaktorische (Riechen) und gustatorische (Schmecken) Stimuli, die als Informationen aufgenommen und auf spezifischen (afferenten) Nervenbahnen dem Gehirn zugeleitet werden. Dort werden sie mit bereits abgespeicherten Informationen verglichen, mit Informationen aus gleichen oder anderen Wahrnehmungsbereichen koordiniert, gespeichert und für das weitere Handeln genutzt. Sie münden (über efferente Nervenbahnen) in Reaktionen motorischer, mimischer oder sprachlicher Art, die nicht unbedingt sichtbar sein müssen, wenn zum Beispiel das Resultat lediglich eine innere Handlung ist. Die Reaktionen wiederum werden als Rückmeldung für die derzeitigen und weiteren Wahrnehmungsprozesse genutzt.

Die Bedeutung der Diskrimination in der Wahrnehmungsverarbeitung

Nach Erwerb und Ausbau einer immer differenzierteren Wahrnehmungsfähigkeit ist der Verarbeitungsschritt der Diskrimination für viele praktische Lebensprozesse von besonderer Bedeutung. Die Diskrimination ist die Phase, in der Wertungen entstehen und angewendet werden. Nicht alles, was wir sehen, hören oder fühlen können, ist für uns von Bedeutung. Es ist vermutlich weder möglich noch wäre es zweckdienlich, auf alles achten zu wollen. In diesem Fall brauchen wir die Fähigkeit, mögliche, jedoch für unsere aktuellen Absichten unwichtige Wahrnehmungen auszugrenzen. Schon Leibniz unterschied in seiner Monadologie zwischen Perzeption (= Wahrnehmung) und Apperzeption (= bewusste Wahrnehmung). Letztere ist gemeint, wenn hier von Diskrimination im Sinne von Abtrennung irrelevanter Eindrücke die Rede ist.

Dabei können einzelne Sinnessysteme und Verarbeitungsschritte in den Fokus rücken. Ein Beispiel aus jüngster Zeit: Die Olympiasiegerinnen von Rio 2016 im Beachvolleyball, Laura Ludwig und Kira Walkenhorst antworteten auf die Frage, wie sie denn dem ohrenbetäubenden und oft als unfair empfundenen Lärm der brasilianischen Zuschauer standhalten konnten, dass sie ihr Gehör weitgehend ausgeschaltet hätten. Angesichts früherer Erfahrungen mit solchem oft irritierenden Umgebungsverhalten hätten sie dies mit ihrer Psychologin regelrecht eintrainiert.

Auch im Alltag, z.B. in unserer Arbeitswelt, brauchen wir diese Fähigkeit der Diskrimination. Wie sonst sollten wir in einem Großraumbüro arbeiten, ohne uns von den Telefonaten, Gesprächen und Bewegungen der Anderen ablenken zu lassen; wie sonst gelänge es uns, als autofahrendem Teilnehmer am Straßenverkehr, dennoch ein Gespräch mit der Beifahrerin zu führen; wie könnten wir anders während der U-Bahn-Fahrt einen Zeitungstext lesen?

Subjektivität der Wahrnehmung

Die Sinne aus der biologisch-naturwissenschaftlichen Sicht zu erklären ist keinesfalls alternativlos. Wenn etwa die Anthroposophie vom Lebenssinn oder vom Sprachsinn spricht, steht nicht die physiologische Quelle der Wahrnehmung im Fokus, sondern ihre Bedeutung im Lebenszusammenhang.

Auch wenn Wahrnehmungen über naturwissenschaftlich beschreibbare und innerhalb einer Spezies in der Regel vergleichbare Wahrnehmungssysteme ermöglicht werden, sind ihre Bedeutungen und Wirkungen weit weniger vergleichbar. Sie sind subjektiv unterschiedlich, geprägt von Voreinstellungen (auch als Vor-Urteile, also vorgefasste Urteile bezeichnet), von emotionalen Befindlichkeiten, Bedürfnissen und Wünschen. Der Kommunikationswissenschaftler Gerold Ungeheuer spricht von der „individuellen Welttheorie" und bezeichnet damit die Menge der je individuell gewonnenen Erfahrungen und daraus abgeleiteten Deutungsmuster, die wir in unserem Handeln stets zugrunde legen. Und auch jenseits wissenschaftlicher Theorien wissen wir als Alltagsmenschen, dass Selbstwahrnehmung und Fremdwahrnehmung in Bezug auf die einzelne Person nicht selten voneinander abweichen.

Es sind die Wahrnehmungen und daraus abgeleiteten Erfahrungen des Alltags, die Adaptionen unserer Lebensbedingungen, die wir bewältigen, indem wir sie begreifen, differenzieren, ordnen und uns dann für einen Zustand entscheiden. Dieser Prozess geschieht ständig, weshalb sich die individuelle Welttheorie in permanentem Wandel fortentwickelt. Und auch Gefühle gehören dazu, denn jeder Zustand löst in uns emotionale Reaktionen aus, sodass wir erkennen und empfinden, wann es schön, unangenehm, sicher oder gefährlich (usw.) ist – und zuweilen ist es uns auch gleichgültig.

„Sinn" aus geisteswissenschaftlicher Sicht: ein Klassiker der Wissenssoziologie

Es ist interessant zu sehen, wie sich Sinn, Wahrnehmung und Handeln aus einer nicht naturwissenschaftlich, sondern vielmehr geisteswissenschaftlich motivierten Perspektive darstellen. Deshalb sei den vorangehenden Betrachtungen eine solche kontrastierend gegenübergestellt.

„Sinn" ist eine Kategorie, die für viele geistes- und sozialwissenschaftliche Ansätze eine zentrale Bedeutung hat. Oftmals werden in der Auseinandersetzung die Grenzen von Disziplinen und ganzen Wissenschaftsrichtungen überwunden. Ein Ansatz, der mittlerweile als Klassiker angesehen wird und dennoch in der populärwissenschaftlichen Diskussion immer noch weitgehend unbekannt ist, sei kurz umrissen. Es handelt sich um den Ansatz des österreichischen Gelehrten Alfred Schütz (1899–1959), der aus Nazi-Deutschland in die USA emigrierte.

Schütz veröffentlichte 1932 seine Monographie „Der sinnhafte Aufbau der sozialen Welt. Eine Einleitung in die verstehende Soziologie". In seinem komplexen und nicht einfach zu lesenden Werk legt Schütz einen Ansatz zur Handlungstheorie vor, der über seine Vorbilder Edmund Husserl und Max Weber (um nur zwei zu nennen) hinausweist und posthum großen Einfluss auf verschiedene Richtungen der Soziologie und Philosophie hatte und bis heute hat. Für Schütz ist „Sinn" etwas, das ein Individuum konstruiert. Konstruiert wird der spezifische Sinn durch die Art der Zuwendung auf ein wahrgenommenes Erlebnis. In Schütz' Worten: „Sinn ist (…) die Bezeichnung einer bestimmten Blickrichtung auf ein eigenes Erlebnis, welches wir (…) als wohlumgrenztes nur in einem reflexiven Akt aus allen anderen Erlebnissen herausheben können." (Schütz 1981, S. 54) So, wie ich meine Aufmerksamkeit auf etwas richte, produziere ich den Sinn. Sinn ist damit an ein Bewusstsein gebunden, denn Erlebnissen, die mir nicht bewusst sind, vermag ich keinen Sinn zuzusprechen. Von vorbewussten Erlebnissen oder Verhaltensweisen unterscheidet Schütz die Handlungen, die ich entweder plane oder durchgeführt habe. Sie werden sinnvoll durch ihr Resultat – entweder das angestrebte Resultat (oder Handlungsziel) im Fall der Handlungsplanung oder das tatsächlich erreichte nach Abschluss der Handlung. Handeln und Handlung unterscheiden sich also von ungerichtetem Fühlen und bloßem Verhalten durch den absichtsvollen Akt der Zuwendung – und damit durch den Sinn, den die spezifische Art der Zuwendung produziert. Dieser Sinn gibt dem tatsächlichen Handeln seine Orientierung. Verkürzt lässt sich ableiten: Der Sinn des Handelns besteht in den durch das Handeln angestrebten Zielen, die wiederum in der Phase der Handlungsplanung entworfen wurden. Der Sinn einer abgeschlossenen Handlung, die ich in den Blick nehme, besteht aus der Art der Zuwendung auf dieses abgeschlossene Handeln. Vorentworfener Sinn und nachträgliche Sinnzuweisung können sich durchaus unterscheiden, wie sich ergänzen lässt.

Es wird an dieser Stelle darauf verzichtet, die Handlungstheorie von Alfred Schütz in ihren für ein grundlegendes Verständnis wichtigen Aspekten weiter darzulegen. Wesentlich ist, dass aus Schütz' Ansatz die Kategorie „Sinn" so abgeleitet werden kann, dass sie anschlussfähig wird für die Absichten und Planungen von Menschen, die in Wirtschaftsorganisationen (und nicht nur dort) über grundlegende Fragen nachdenken. Fragen nach dem Sinn verhandeln am Ende Orientierung, unabhängig davon, ob es um eine strategische Ausrichtung, um die gemeinsamen Werte, um ein neues Produkt oder um die Verbesserung der Zusammenarbeit im Team geht.

Um es auch an dieser Stelle nochmals zu betonen: Dieses Buch folgt der Absicht, die beiden Felder der leiblich-sinnlichen Wahrnehmung mit den Absichten nach orientierender Sinn-Suche zu verknüpfen. Sodass wir am Ende wieder bei der Formel landen: durch die Sinne zu Sinn.

Verwendete Literatur und Bücher zum Weiterlesen

- Beins, H. J. / Klee, T. (2014): Bauen ist lustvolles Lernen. Dortmund

- Kiesling, U. (2000): Sensorische Integration im Dialog. Dortmund

- Lensing-Conrady, R. (2001): Von der Heilsamkeit des Schwindels. Gleichgewichtswahrnehmungen als Motor für Entwicklung und Lernen. Dortmund

- Sacks, O. (1990): Der Mann, der seine Frau mit einem Hut verwechselte. Reinbek

- Schütz, A. (1981): Der sinnhafte Aufbau der sozialen Welt. Eine Einleitung in die verstehende Soziologie. Frankfurt a.M.

- Ungeheuer, G. (1987): Vor-Urteile über Sprechen, Mitteilen, Verstehen. In: Ungeheuer, G.: Kommunikationstheoretische Schriften I: Sprechen, Mitteilen, Verstehen (ed. J. G. Juchem). Aachen, S. 290–338

- Van den Berg, F. (2003): Angewandte Physiologie (Bd. 2). Organsysteme verstehen. Stuttgart

- Watzlawick, P. (2005): Wie wirklich ist die Wirklichkeit? München

- Zimmer, R. (2015): Handbuch der Sinneswahrnehmung. Freiburg

Wo erhalte ich die verwendeten Materialien?

Gotthilf Benz Turngeräte
Grüninger Straße 1–3
D-71364 Winnenden
Tel: 07195-69 05-88
www.benz-sport.de

HAIDIG OHG
Ruhrallee 41a
D-44139 Dortmund
Tel: 0231 / 91 28 156
www.haidig.de

Karl H. Schäfer GmbH & Co. KG
Großer Kamp 6–8
D-32791 Lage-Heiden
Tel: 05232 / 999 62-0
www.schaefer-lage.de

METALOG training tools
Sägmühlstraße 25 a
82149 Olching
Tel: 08142-4411400
www.metalog.de

sport-creativ
Seestr. 3 a
D-23898 Kühsen
Tel: 04543-80898-2
www.sport-creativ.de

SPORT-THIEME GmbH
D-38367 Grasleben
Tel: 05357 / 1 81 81
www.sport-thieme.de

Tischlerschuppen
Auf der Höh 32
D-53819 Neunkirchen-Seelscheid
Tel: 0 22 47 / 75 84 09
http://www.tischlerschuppen.de

Impulse für Meetings, Workshops, Konferenzen

Hans J. Beins /Rudolf Lensing-Conrady
Rheinische Akademie
Wernher-von-Braun Str. 3
D-53113 Bonn
Tel.: 0228/243394-44
E-Mail: hans.beins@psychomotorik-bonn.de
E-Mail: rudolf.lensing-conrady@psychomotorik-bonn.de

Priv.-Doz. Dr. Guido Wolf
conex. Institut für Consulting,
Training, Management Support
Lessingstraße 60
53113 Bonn
Fon: +49 228 91144-22
Fax: +49 228 91144-99
E-Mail: info@conex-institut.de

Teambuilding-Maßnahmen und Workshops im Förderzentrum E. J. Kiphard, Bonn
E-Mail: akademie@psychomotorik-bonn.de

Raum für Notizen

Lösungen erfinden ...

Filip Caby / Andrea Caby

Die kleine Psychotherapeutische Schatzkiste • Teil 1

Tipps und Tricks für kleine und große Probleme vom Kindes-, Jugend und Erwachsenenalter

„Das handliche Buch ist hervorragend geeignet, immer wieder eine einzelne Intervention herauszugreifen, sich mit ihr zu beschäftigen und zu üben. Dabei erheben die Cabys getreu dem systemisch-lösungsorientierten Ansatz keineswegs den Anspruch, das allein selig machende Rezept erfunden zu haben. Sie sprechen freundliche Einladungen aus, was daraus wird, bleibt jedem selbst überlassen. Wahre Kompetenz lässt sich nicht verbergen.
Deshalb mein Tipp: Greifen Sie zu, lassen Sie die exzellenten Anregungen wirken und probieren Sie aus, was Ihnen schmeckt. Finden Sie ganz im Sinne Milton Ericksons die Lösungen, von denen Sie NOCH nicht wissen, dass Sie sie kennen!" Monika Bohn, Oberursel

„Meines Erachtens darf dieses kompakte Sammelsurium 'spannender und aufregender' Interventionen in keinem Bücherregal eines Praktikers fehlen. Insgesamt kann ich konstatieren, dass das Buch 'up-to-date' ist auf dem systemischen Büchermarkt." Dennis Bohlken, systemagazin.
3. Auflage 2014, 224 S., Format 16x23cm, Ringbindung
ISBN 978-3-938187-81-4 | Bestell-Nr. 9403 | 19,95 Euro

Andrea Caby / Filip Caby

Die kleine Psychotherapeutische Schatzkiste • Teil 2

Weitere systemisch-lösungsorientierte Interventionen für die Arbeit mit Kindern, Jugendlichen, Erwachsenen oder Familien

Das bietet die zweite Schatzkiste: • Neue Interventionen • Neue Indikationen • Erweiterung der Topics aus Band 1 • Noch mehr Beispiele! Die Arbeit mit Kindern, Jugendlichen, Erwachsenen, Familien oder Gruppen fordert den Therapeuten, Psychologen, Arzt, Pädagogen oder Berater immer wieder aufs Neue heraus ... Für jede noch so ungewöhnliche Herausforderung eine Idee zu haben, kreativ und flexibel reagieren zu können und dabei möglichst lösungsorientiert zu sein, ist nicht immer einfach. Aber es kann durchaus leichter werden, wenn erprobte Interventionen, besondere Fragen oder „verstörende" Kommentare griffbereit sind. Dies ist auch das Anliegen der Autoren in diesem zweiten Band – einer Übersicht über weitere originelle Ideen und Handlungsmöglichkeiten im beratenden oder therapeutischen Alltag. Mit etwas Phantasie, wohl platzierten Worten, einer Portion Humor, gewohnten Dingen oder unerwarteten Aktionen kann ein Gespräch plötzlich eine andere Wendung bekommen, eine Perspektive entstehen oder der Klient bzw. Patient erneut zum Nachdenken angeregt werden."
2. Auflage 2013, 256 S., farbige Abb., Format 16x23cm, Ringbindung
ISBN 978-3-938187-78-4 | Bestell-Nr. 9423 | 19,95 Euro

Sabine Krause

Konflikte haben zwei Seiten

Impulsgeber für den Beruf

„Ich habe kürzlich ein sehr außergewöhnliches Buch gefunden, das ich an dieser Stelle gern mit Ihnen teilen möchte. ... Mit diesem Buch haben Sie einen feinen kleinen Ideengeber in den Händen, der Sie bei Kommunikationsschwierigkeiten unterstützt, und mit dem Sie neue Impulse für Handlungen und Wege aus Sackgassen erhalten können." Dr. Christa Schäfer, Mediation-Berlin-Blog
„Dieser Impulsgeber eignet sich hervorragend dazu, sich mit Konflikten jedweder Art impulsiv im positiven Sinne auseinanderzusetzen. Hier werden in Form von Piktogrammen jeweils zwei Seiten von Konflikten dargestellt. Auf der blau unterlegten ersten Seite werden die Gefahren bei Konflikten verdeutlicht, während auf der gegenüberliegenden, grün unterlegten Seite die Chancen aufgezeigt werden. Dabei hilft es, mit den leicht eingängigen Piktogrammen sich einzuprägen, was bei einem Konflikt hilfreich sein kann, und was nicht. ...
Alles in allem ist ein sehr gelungenes Werk, das in Kombination von Graphik, Kurztext und der Zusammenstellung an sich positive Impulse liefern wird; damit wieder – wie bei der ‚Chancenfarbe' (die den Umschlag dominiert) – alles ‚in den grünen Bereich' kommt und Bewegungen im Konfliktfall wieder möglich sind!" Detlef Rüsch, amazon.de

2015, 120 S., ganzseitige Piktogramme, 14 x 14cm, fester Einband
ISBN 978-3-8080-0770-9 | Bestell-Nr. 4358 | 16,95 Euro

Lilo Schmitz

Lösungsorientierte Gesprächsführung

Richtig beraten mit sparsamen und entspannten Methoden

„Alles wird, trotz knackiger Kürze plausibel und anregend eingeleitet und lädt ein – entsprechend dem Wunsch der Autorin – zur Weiterentwicklung eigener Übungen in eigenen Kontexten. Besonders gut gefällt mir ihre ‚Übung in achtsamer Gelassenheit – Klagende klagen lassen' (S. 110). Hierin, wie auch in dem gesamten kleinen Buch zeigt sich eine Haltung ernsthafter Leichtigkeit mit dem Ziel, Selbstwirksamkeits-Überzeugung, Mut und Energie der KlientInnen zu fördern, ohne Mangel und Not schön zu reden." Elizabeth Kandziora, panama

„Das Buch ähnelt einem Danaergeschenk. Vergleichbar mit dem trojanischen Pferd entwickelt es während und nach der Lektüre eine Eigendynamik. Es verstört gewohnte und bewährte Beratungsstrategien. Es fordert zu einer Auseinandersetzung, zu Neuem, zu Wachstum und Weiterentwicklung heraus. Es bereichert die Welt methodischen, beratenden und therapeutischen Handelns – ein Arbeitsbuch und Handwerksinstrument, das man nicht mehr missen möchte." Jürgen Raab, socialnet.de

3., verbesserte und erweiterte Aufl. 2016, 192 S., Format DIN A5, br
ISBN 978-3-8080-0769-3 | Bestell-Nr. 8411 | 18,80 Euro

verlag modernes lernen

Schleefstraße 14, D-44287 Dortmund
Telefon 02 31 12 80 08, Fax 02 31 12 56 40
Gebührenfreie Bestell-Hotline: Telefon 08 00 77 22 345, Fax 08 00 77 22 344
Leseproben und Bestellen im Internet: www.verlag-modernes-lernen.de

So bleiben Sie im Gleichgewicht ...

Dieter Schwartz

Vernunft und Emotion
Die Ellis-Methode – Vernunft einsetzen, sich gut fühlen, mehr im Leben erreichen

Wenn wir uns schlecht fühlen und im Privat- wie im Berufsleben nicht erreichen, was wir gerne hätten (oder auch manchmal bekommen, was wir gar nicht wollen), dann liegt das nicht nur an der Wirklichkeit, wie sie ist – sondern häufig daran, wie wir die Wirklichkeit durch unsere Brille sehen. Verständlich und klar zeigt das Buch den Zusammenhang von Denken, Fühlen und Handeln. Der Leser wird angeleitet, sein Denken mit Hilfe der Vernunft zu überprüfen und eine neue hilfreiche Lebensphilosophie zu entwickeln. Diese ermöglicht es, in so unterschiedlichen Lebensbereichen wie Partnerschaft, Liebe, Sexualität und Beruf mehr persönliche Zufriedenheit zu erlangen. Auf der Grundlage Rational-Emotiver & Kognitiver Verhaltenstherapie zeigt Dieter Schwartz wie ● hinderliche, negative Gefühle, beispielsweise Angstzustände, Ärger, Schuldgefühle, depressive Stimmungen u.a., in gesunde zielförderliche Gefühle umgewandelt werden können ● ungesunder Stress und dysfunktionales Verhalten zu überwinden ist ● man eine Lebensphilosophie im Dienste seelischer Gesundheit entwickeln und so vorbeugend mit den Widrigkeiten und möglichen Schicksalsschlägen des Lebens umgehen kann

7., überarb. Aufl. 2014, 200 S., Format DIN A5, br
ISBN 978-3-86145-344-4 | Bestell-Nr. 8395 | 15,30 Euro

Jürgen Hargens

Gut eingestimmt?
Zum Umgang mit Stimmungslagen

„Fangen Sie damit an, indem Sie daran denken, wie Sie aufgewacht sind. Überlegen Sie, was Ihnen als Erstes einfällt, was gelaufen ist, was geklappt hat, was gut war – und was dabei so unauffällig war, dass Sie es zunächst ganz selbstverständlich für nicht der Rede wert halten. Das könnte als Erstes sein, dass Sie sagen, ich habe schlafen können ... und das ist mein Bett. Was war das nächste kleine Selbstverständliche? Dass Sie in Ruhe Ihr Klo benutzen konnten? Dass Sie etwas zum Essen gefunden haben? Dass Sie ein Dach über dem Kopf haben? Diese Selbstverständlichkeiten gerade an trüben Tagen einmal aufzuschreiben, ist eine der vielen praktischen Übungen in Jürgens Hargens' Buch über Stimmungen.
Unsere Stimmungen schwanken, und das ist gut so. Wenn ich mich auf das natürliche Auf und Ab des Lebens einstelle, bin ich besser darauf vorbereitet und kann dann anders damit umgehen.
Ich sehe aus einer anderen Perspektive auf das, was im Augenblick angeblich nicht so gut läuft.
Jedes der elf Kapitel enthält eine bis drei Übungen, die Spaß machen, nicht länger als eine Viertelstunde dauern, und bei denen ich lerne, meine Krisen besser zu managen." Evangelische Zeitung
2. Aufl. 2015, 128 S., Format 11,5x18,5cm, Klappenbroschur
ISBN 978-3-86145-336-9 | Bestell-Nr. 8573 | 9,60 Euro

Martin Brentrup / Brigitte Geupel

Selbstwert, Selbstfürsorge und Achtsamkeit
Verfahrensübergreifendes Übungsbuch für zentrale Variablen psychotherapeutischer Prozesse

In diesem Band stellen die Autoren eine Sammlung ihrer in langjähriger Praxis erprobten Übungen aus verfahrensübergreifender Perspektive vor. Sie fokussieren mit einem ressourcenorientierten Ansatz auf die Wechselbeziehung von Selbstwert, Selbstfürsorge und Achtsamkeit. Diese 3 Faktoren stellen Hauptziel- und Wirkebenen psychotherapeutischer Prozesse dar. Die Übungen sind leicht an Patientenmerkmale, Phasen und Prozesse anzupassen. Sie wurden aus anderen Methoden und Ansätzen verdichtet bzw. weiterentwickelt.

Wie im ersten Band der Autoren „Ideen aus der Box" wird die Textsammlung durch eine CD ergänzt. Diese enthält Materialien zum Ausdrucken und Fotos für die Arbeit mit Kraft-Quellen-Karten.

Das Buch wendet sich sowohl an Einsteiger mit entsprechender supervisorischer Unterstützung, als auch an erfahrene Tätige in den Bereichen: Psychotherapie, Beratung und Coaching.

2012, 128 S., Beigabe: Bildkarten und Materialien auf CD-ROM, Format DIN A5, Ringbindung
ISBN 978-3-938187-96-8 | Bestell-Nr. 9444 | 18,80 Euro

Ben Furman

Es ist nie zu spät, eine glückliche Kindheit zu haben
In Wissenschaft und Öffentlichkeit ist der Mythos fest verankert, dass schwierige Bedingungen in der Kindheit unweigerlich zu einem unglücklichen, gefährdeten Erwachsenenleben führen. Dies kann so sein, ist aber in den meisten Fällen nicht zwangsläufig so. Furman lässt eine große Zahl von Betroffenen selbst zu Wort kommen, die einen schwierigen Start ins Leben hatten und trotzdem oder gerade deshalb ein gelungenes Leben führen konnten. Hier geht es nicht darum, die Wahrheit zu schönen oder zu verbiegen und uns selbst zu belügen, damit wir die traurige Vergangenheit in rosarotem Licht sehen! Wir sollen auch nicht so tun, als hätten wir eine glückliche Kindheit gehabt, wenn es nicht so war. Aber tief in ihrem Herzen wissen die Menschen oft, was ihnen helfen könnte, und schaffen es trotz widriger Umstände glücklich zu werden. Das Buch will Mut machen, auf die innere Stimme zu hören.
Das Buch wurde in die Liste der „Einhundert Meisterwerke der Psychotherapie" aufgenommen.
„Dieses Buch ist sehr interessant. Ich habe es in zwei Tagen ausgelesen. Es trifft meine Vergangenheit und auch meine Zukunft, und ist hilfreich für meinen Sohn, der gerade 4 1/2 Jahre alt ist. DANKE!" Leserzuschrift

7. Aufl. 2013, 104 S., Format DIN A5, br
ISBN 978-3-86145-173-0 | Bestell-Nr. 8398 | 15,30 Euro

verlag modernes lernen

Schleefstraße 14, D-44287 Dortmund
Telefon 02 31 12 80 08, Fax 02 31 12 56 40
Gebührenfreie Bestell-Hotline: Telefon 08 00 77 22 345, Fax 08 00 77 22 344
Leseproben und Bestellen im Internet: www.verlag-modernes-lernen.de

Fundierte Praxis ... Psychomotorik aus Bonn

Marion Jost / Hans Jürgen Beins

Bewegung und Spiel für die Kleinsten
Psychomotorik für Kinder von 1 bis 4 Jahren

„Im Zuge der Diskussion um die Pädagogik der Frühen Kindheit (s. Beudels et al. 2010), in der Entstehung neuer Studiengänge und damit einer neuen Fachdisziplin im Kontext der allgemeinen Pädagogik, findet sich zunehmend Literatur zur bewegungspäd-agogischen und psychomotorischen Arbeit mit Kindern der Zielgruppe U3. Das vorliegende Buch besticht als konsequentes Praxisbuch. Zugunsten einer ausführlichen, sehr gut strukturierten und ansprechend gestalteten Spielesammlung, wird der theoretische Background kurz gehalten, ohne jedoch die theoretische Fundierung, hier insbesondere im Form von im Text enthaltenen Quellen- und Literaturhinweisen, gänzlich zu vernachlässigen.

Fazit: Ein sehr zu empfehlendes Praxisbuch für Eltern wie auch für Fachkräfte, die über die notwendigen theoretischen Kenntnisse bereits verfügen und auf der Suche nach interessanten, praktikablen Spielsituationen zu vielfältigen Wahrnehmungs- und Bewegungserfahrungen für Kinder zwischen 1 und 4 Jahren sind." Prof. Dr. Mone Welsche, socialnet.de

2. Aufl. 2015, 192 S., farbige Abb., Format 16x23cm, Klappenbroschur | Alter: 1–4
ISBN 978-3-938187-87-6 | Bestell-Nr. 9435
32,30 CHF | 19,95 Euro

Hans Jürgen Beins / Thomas Klee

Bauen ist lustvolles Lernen!
Wie Kinder spielerisch Balance finden

Neben den klassischen Bauklötzen, Murmelbahnen und anderen Bauspielen gibt es viele tolle Materialien und Spielideen für Kinder. Dabei bieten Alltags- und Naturmaterialien oder Standardspielgeräte die besten Voraussetzungen, den Kindern Bau- und Konstruktionserfahrungen zu eröffnen. Die kleinen und großen Baumeister entwickeln verblüffende Variationen, die in diesem Buch anschaulich vorgestellt werden.

Dieses Buch zeigt vielfältige Möglichkeiten zum klein- und großräumigen Bauen und Konstruieren auf. Dabei werden unterschiedliche räumliche Gegebenheiten berücksichtigt. Spiele werden so variiert, so dass sie sowohl in der Bau-Ecke, im Flur oder der Turnhalle umsetzbar sind. Einige Hinweise zur Beobachtung und Dokumentation von kindlichem Bauen runden das Buch ab. Die Bauspiele lassen sich mit Kindern von 2 bis 12 Jahren umsetzen und machen selbst Jugendlichen und Erwachsenen viel Spaß. Sie sind von den Autoren im Kita-, Schul- und Therapiealltag vielfältig erprobt und lassen sich auch zu Hause wunderbar spielen. Die verblüffenden Praxisideen entlocken nicht selten den Satz „Warum bin ich da nicht selbst schon drauf gekommen …".

› 2014, 160 S., farbige Abb., Format 16x23cm, br | Alter: 2–12
ISBN 978-3-942976-14-5 | Bestell-Nr. 9460
27,45 CHF | 16,95 Euro

Rudolf Lensing-Conrady

NEU

Mathe bewegt!
Vom Körperraum zum Zahlenraum

Mathematik ist allgegenwärtig. Sie steckt in jeder Milchtüte und jedem Überraschungsei. Sie erleichtert auf vielfältige Weise unseren Alltag und hat ihre Wurzeln im Erkenntnisfortschritt der Evolution und Zivilisation. Sie ist kein isolierter Denkbereich sondern Teil einer hilfreichen Denkstruktur. Und gleichwohl ist sie angstbesetzt, wird als fernab vom Leben wahrgenommen, als etwas, das nur bestimmten Menschen – durchaus mit geschlechtsspezifischen Zuschreibungen – zugänglich sei.

Das Ziel dieses Buches ist, Mathematik zu entdämonisieren und als selbstverständlichen und nützlichen Teil unserer Alltagsbewältigung darzustellen, der sogar Spaß machen kann. Darüber hinaus sollen Möglichkeiten einer unterstützenden pädagogischen Einflussnahme aufgezeigt werden. Dazu werden fünf Einflussfelder diskutiert, in denen mathematisches Denken entsteht, angewandt und gefördert wird:
• Basiskompetenzen • Risikokompetenz • Lernvoraussetzungen • Lernschwierigkeiten • Fördermaßnahmen und Praxisvorschläge – psychomotorisch vorbereitend – bezogen auf schulische Kompetenzbereiche.

2015, 176 S., farbige Abb., 16x23cm, Klappenbroschur
ISBN 978-3-8080-0733-4 | Bestell-Nr. 1254
32,30 CHF | 19,95 Euro

Hans Jürgen Beins (Hrsg.)

Kinder lernen in Bewegung

Dass Kinder gerade in Bewegung lernen, scheint oft außer Acht gelassen zu werden. Dabei gibt es aus unterschiedlichen wissenschaftlichen, pädagogischen und alltagsorientierten Sichtweisen vielfältige Hinweise für den engen Zusammenhang zwischen kindlichem Lernen und Bewegungsaktivität. Die Bewegung, die Wahrnehmung, das Spiel und das selbsttätige, entdeckende Lernen sind zentrale Bestandteile psychomotorischer Pädagogik. Sie spielen auch in den neuen Bildungsvereinbarungen und Lehrplänen eine wichtige Rolle, wenngleich es vielerorts an praktischen Umsetzungsideen mangelt. Das Buch und der Film auf der beiliegenden DVD zeigen in der Praxis und Theorie den engen Zusammenhang von Bewegung und Lernen auf. Es werden viele praktische Beispiele gegeben, wie Kleinkinder, Kindergartenkinder, Grund-, Sonder- oder Hauptschüler in Bewegung lernen. Dabei wird deutlich, dass Bewegung und Spiel die beste schulische Vorbereitung sind und auch im Schulalter unverzichtbare Lernquellen bleiben.

„Das Buch ist ein gelungenes Plädoyer für das Lernen in und durch Bewegung." Landessportbund NRW

2007,176 S., farbige Abb., **Beigabe Video-DVD (47 Min.)**, Format 16x23cm, fester Einband | Alter: 1,5–12
ISBN 978-3-938187-24-1 | Bestell-Nr. 9370
41,30 CHF | 25,50 Euro

verlag modernes lernen

Schleefstraße 14, D-44287 Dortmund
Telefon 02 31 12 80 08, Fax 02 31 12 56 40
Gebührenfreie Bestell-Hotline: Telefon 08 00 77 22 345, Fax 08 00 77 22 344
Leseproben und Bestellen im Internet: www.verlag-modernes-lernen.de